エゾユキウサギ、跳ねる

富士元寿彦

北海道新聞社

目次

4 オスとメス

5 食事

エゾユキウサギ

Q&A

学名：Lepus timidus ainu　英名：Mountain hare　漢字名：蝦夷雪兎
ウサギ科ノウサギ属。ユーラシア北部などに分布するユキウサギ Lepus timidus のなかま。学名の Lepus はラテン語で「ウサギ」、timidus は「臆病な」。英名の hare（ヘア）は本種のように巣穴を持たないノウサギのこと。地中に巣穴を掘って生活するアナウサギなどは rabbit（ラビット）と呼ばれる。ノウサギの仲間で北米にすむカンジキウサギが Snowshoe hare（スノーシューヘア）と呼ばれるように、大きな後ろ足の裏には毛が密生していて、新雪の上でも抜からずにうまく走ることができる。

Q1　北海道にはどんなウサギがいるの？

A　夏は茶色で、冬になると白毛に変わるエゾユキウサギは北海道の在来種で、平野部から亜高山帯に広く生息。2014年に発売された2円切手の絵柄にもなりました。小型で「氷河期の生き残り」と言われるエゾナキウサギは主に大雪・日高山系で見られます。

Q2　世界のユキウサギの仲間は？ペットのウサギとは違うの？

A　ユキウサギの仲間は世界に16種いて、このうち北海道で見られるものをエゾユキウサギといいます。同じノウサギ属で本州などにいるニホンノウサギと、奄美大島などで見られるアマミノクロウサギ（アマミノクロウサギ属）は日本固有種。ペットのウサギ（カイウサギ）はヨーロッパのアナウサギを家畜化したもので、一部が放獣され、離島などで野生化しています。

Q3　ウサギの数え方は羽、頭、匹？

A　どれも正解です。「羽」は一般によく使われる数え方。昔は四つ足（哺乳類）の肉を食べるのがタブーでしたが、身近なウサギは食用にされていました。そこで、跳びはねるウサギを鳥とみなした数え方が生まれたと考えられています。「頭」は大型の哺乳類の数え方ですが、動物学的にウサギに用いられることもあります。「匹」は小動物の一般的な数え方で、これもOK。本書では「匹」を使います。

Q4　体長、体重は？

A　日本にいる野生種のウサギではもっとも大きく、体長50～60cm、体重は2.5～3.5kgほど。メスの方が大きくて重い。

Q5　子どもは何匹産むの？

A　1～6匹だが、通常は3匹ほど。

Q6　寿命は？

A　野生で3～5年ほど。飼育個体では10年以上も。

Q 7　耳が長いのはなぜ？

A　巣穴を持たないので、外敵をいち早く察知するためと、体温が上がった時に熱を逃がすため。

Q 8　好きな食べ物は？

A　草、木の小枝や葉、冬芽、樹皮など。貯食はしない。

Q 9　走る速さはどれぐらい？

A　最速で時速 80km とも。100m 走なら約 4.5 秒！

Q 10　どこで寝ているの？

A　夏は草むらの中、冬は木の根元などの雪上で。場所は毎日違います。

Q 11　吹雪の日はどこにいるの？

A　風雪をしのげる木陰など。

Q 12　冬眠はするの？

A　しません。真冬でも毎晩採餌に出歩きます。

Q 13　季節によって毛の色が変わるのはなぜ？

A　天敵の目から逃れるための保護色の役目。白い綿毛は空気を十分に含むので、冬の寒さに対する断熱効果もあるそう。冬に白変（白化）するノウサギはカンジキウサギなど世界で 5 種だけ。

Q 14　天敵は？

A　キタキツネやエゾクロテン、オオタカやクマタカなど。子ウサギにとってはノラネコやエゾフクロウ、トラフズクなども大敵。

Q 15　夜行性なの？

A　基本的には夜行性ですが、季節によっては昼間も活動します。

Q 16　生息数は減っているの？

A　食用や革製品にするため、1950 年代には北海道内で 20 万匹近くが捕獲されていましたので、生息数は少なくとも数十万匹はいたと考えられます。捕獲数の中には、このころ大量に植林されたカラマツの食害を防ぐ名目による有害駆除も含まれます。エゾユキウサギは現在も狩猟獣に指定されていますが、2014 年の捕獲数はわずか 109 頭で、1970 年の約 1000 分の 1。道内各地でも、近年めっきり見かけなくなったという声が聞かれますが、実態は分かっていません。

はじめに

月夜に跳ねる

冬、エゾユキウサギが、いつもの倍以上、時には何倍も多く雪上を歩き回る夜がある。月夜であれば一段と明るく、闇夜であれば星が一際輝きを増し、月や星が近く見える時が多い。

北海道の日本海側北部に広がるサロベツ原野。北海道でも残り少なくなった野生動物たちの自由な生活の場だ。

風はほとんどなく、晴れ渡った夜。こうして跳ね回った跡があると、たいてい翌日か翌々日は吹雪になる。天気が崩れる前兆なので、私はこの行動を天気予報がわりにしている。とても高い確率で当たる。

エゾユキウサギは食い溜めができないが、それでも吹雪になる前には、いつもより広い範囲を歩いて採餌《さいじ》をしている。どうも、低気圧が接近しているのを感じ取る体内センサーがあるようだ。それでじっとしていられず、あちこち跳ね回りながら餌を食べ歩いているのだと思う。

吹雪の夜は、あまり出歩かないで過ごす。なので、事前にその分だけ活動的になり、歩き回って採餌しているのだろうか？　この跡を見た人は、実際に生息している数の倍以上のエゾユキウサギが辺りにいると思うはずだ。明け方に歩いた跡以外の足跡を追跡すると大変な目に合う。寝ている場所までずいぶん歩かなければならないからだ。さらに、夜中より前についた足跡を追跡すると最悪だ。よほど体力がある人以外は、途中でリタイアする羽目になるだろう。

繁殖期前なので恋の追尾行動ではないが、長い距離を追いかけ合って遊んだ跡も、よく雪上に残されている。まるで雪上運動会でもしたようだ。

「偵察跳ね」と呼ばれる行動がある。垂直に高く跳び上がり、空中で顔を振ったり、体を反り返らせたり、希に、方向転換して降り立つ時もある。ただ高く跳び上って降りることもあるし、どんな意味があるのか不明だが、歩行中に突然行うことが多い。遊んでいるようにも見えるが、続けて行うことは希だ。偵察跳ねをしたと思われる跡も、夜に歩いた足跡をたどると多く残されている。

エゾユキウサギ、跳ねる

これが垂直に跳び上がる「偵察跳ね」

メスに近寄るオスたち。まだ繁殖期前なのだが……（2月）

月夜のエゾユキウサギは気もそぞろ？

雪上で追いかけっこに夢中

3月になっても、晴れた夜は放射冷却現象で気温が下がり凍《しば》れる。氷点下10度以下になる時もよくある。すると昼間に解けた雪が凍り、跳ね回っても足跡が残らない。証拠は残らないが、堅雪で歩きやすい上に繁殖期にも入っている。天候が崩れる前の夜には、オスとメスが追いかけっこをしたりして、真冬より一段と活発に歩き回っているはずだ。それが満月の夜なら、おとぎ話の世界のような情景に見えるだろう。

1 雪兎

止め足

エゾユキウサギのユニークな行動の一つが「止め足」。寝る前に必ず行う跡くらまし行動だ。

　雪上に残されたエゾユキウサギの足跡をたどると、必ずぷっつり足跡が途絶える不思議な痕跡に出合える。これが「止め足」で、回れ右をして来た足跡の上を、その通りに逆戻りした後、大きく真横にジャンプする。足跡を追跡してくるキタキツネなどの天敵が、そこで足跡を見失いウロウロする間に、危険を察知したエゾユキウサギは、文字通り脱兎《だっと》のごとく逃げ去るという寸法だ。敵が寝ていた場所にたどり着いた時にはもぬ

「止め足」と、足跡の先で寝ているエゾユキウサギ（○の中）

けの殻、ということになる。

逆に、「止め足」があれば、近くにエゾユキウサギが寝ているとも言える。若い個体や警戒心の薄い個体は逆戻りする距離が短く、止め足の回数も少ない。そのため、近くに寝ている者が多く、見つけやすい。警戒心の強い者ほど距離が長く、回数も多くなる。中には10回以上という者もいる。

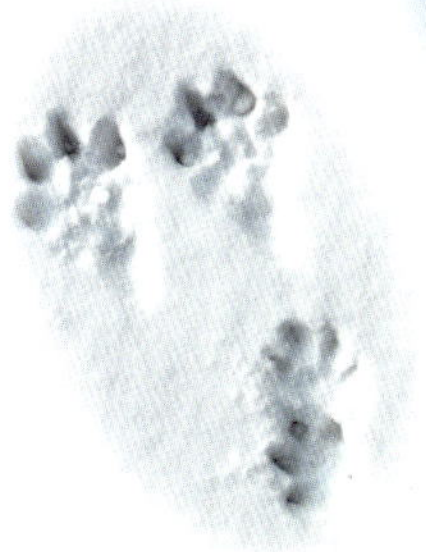

足跡は両足が前！

こういうエゾユキウサギは、初めの「止め足」から遠く離れた所に寝ており、姿を見る前に逃げ去る者がほとんどだ。それで、こういうエゾユキウサギに付けられた称号が「大学出のウサギ」。50年ほど前にハンターの間で流行っていた呼び名だ。当時は大学卒業者がまだ少ない時代。なので、年配者が偏見から、「大学出イコール賢い」という見方をしていたのだ。エゾユキウサギに限らず、キツネやクマなどの賢い者にも使われていた。

もう少し詳しく説明しよう。「止め足」は、周囲を見渡せるような少し開けた場所で、最初のUターンをすることが多い。取りあえず周りにキ

エゾユキウサギの「止め足」。足跡の先には……

ツネなどの敵がいないのを確認し、回れ右をして「止め足」が始まる。残された足跡どおりに戻り、真横に大きくジャンプするのが1回目の「止め足」。その後、進んで行った先で再び「止め足」を行う。個体により、寝るまでに行う「止め足」の回数はまちまちだ。

私が「止め足」を知ったのは小学5年生の冬休みなので、50年以上前になる。ハンターだった父親の猟に同行した時、初めて教えてもらい、寝ているエゾユキウサギを見た。雪に同化するようにじっとしているエゾユキウサギは、ちょうど雪の塊のよう。目と耳の先だけ黒いのが印象的だった。

「止め足」は、寝る前に考えて行う行動ではなく、生まれつき備わっている本能によるものだが、当時は、知能の高い賢い動物だと妙に感心したのを覚えている。

もともと生き物が大好きだった私は、これが契機となりエゾユキウサギに興味を持った。一番付き合いの長い動物だ。高校生の頃には、冬になると時々エスケープして雪山に出かけ、エゾユキウサギを探して楽しんでいた。まさか将来それを撮影する仕事に就くとは、夢にも思っていなかった。

雪穴

「止め足」は、陸上の追跡者に対する防衛策として寝る前に行う。さらにその後、空からの天敵に対する防衛策も必ず施す。寝場所のすぐ近くにある木の根元を掘って作る「雪穴」だ。

木は真っ直ぐではなく、幹が斜めになっているものが多い。雪穴は、幹に沿って掘られる。もともと幹と雪との境は、隙間になっていて掘りやすい所が多く、出入りする際にも適当な傾斜角度になるからのようだ。

穴の入口の直径は20センチくらいで、深さは1メートルほど。タカなどの空襲があった時に潜り込むための小さな「防空壕《ぼうくうごう》」だ。非常時にはすぐ逃げ込めるよう、穴の入口近くで眠る。

数年前の冬、海岸近くの砂丘林でのことだ。オオワシが、エゾユキウサギの寝ている近くを低空で飛んで来た。ウサギを狙って来たわけではなく、たまたま低く飛んで来ただけだ。が、エゾユキウサギは、自分が狙われていると思ったようだ。すぐに雪穴へ逃げ込んだ。その後すぐ、穴の入口から雪が勢いよく

雪穴から慎重に
辺りをうかがう

飛び出してきた。少しすると収まったが、よほど怖かったのか、雪穴を深く掘り進んで行ったのだ。30分ほど経った頃、穴の入口近くでそっと様子をうかがう顔が見えた。慎重に様子を見ながら顔を出し、耳をそば立て周りの安全を確かめた後、ようやく体が出てきた。

「空襲」はまれなので、このようなシーンはめったに見られない。

寝る前に二重の防衛策を施すエゾユキウサギは、「知恵者」という見方もできる。が、こ

大急ぎで潜り込むオス。
交尾期が近づき
睾丸が目立ち始めた

堅雪なので雪穴が掘れず、
枯れたササの葉陰に身を潜める

耳を伏せ、目立たぬように逃げる

の習性は生まれつき備わっているものだ。他の動物たちは、子の時に生きる術を親から教えてもらうほか、親の行動を見て学習する。だが、エゾユキウサギの場合、親と子が一緒にいるのは授乳の時だけだ。なので、「止め足」も「雪穴」も先天的なものだ。

転ばぬ先の杖で石橋を叩いて渡るエゾユキウサギは「慎重派」？　それとも「賢い策士」？　あるいは「心配性の臆病者」？　いろいろなイメージが湧いてくる。

敵の空襲に備え、掘った雪穴のそばで眠る

鬼ごっこ

雪上に残されたエゾユキウサギの足跡の終点には、足跡の主が必ず寝ている。それを、逃げ出す前に見つけるのが撮影の第一歩だ。見方を変えると、私とエゾユキウサギの「鬼ごっこ」。寝る前に必ず行う「止め足」を遠くから見つけられれば、私が有利になる。

相手がこちらから見える場所にいれば、すぐに「鬼ごっこ」は終わる。だが、枝木の陰になるところにいる時は、見つけにくいので手間取る。「止め足」から先の足跡も、枝木や地形の起伏で、ところどころしか見えない場合が多い。警戒心の薄い個体以外、接近して来る相手には敏感だ。「不審な感じ」が「危険な感じ」になった時点で逃げ出す。だからその前に見つけなければならない。

見つけにくい場所にいる相手を探す時は、おおよその見当をつけ、角度を慎重に変えながら観察することになる。面白いことに、ほんの数歩違っただけで、枝木の陰などになり見えなくなることも多い。

不思議だが、見にくいところにいる相手でも、たいていは一方向の一地点からはよく見えるものだ。そこで、見当をつけた場所を中心に、視線をそらさずゆっくり一回りすることになる。逃げ出した跡がなければ少し近寄り、再度探しながらまた一回りだ。逆に言えば、見つけにくい場所に隠れている者の多くはそばまで近寄れる。その結果、見つけた時には近距離ということがよくある。時間はかかっても、隠れていた相手を探し出せた時の喜びは大きい。

エゾユキウサギは、季節によって周囲の環境にうまく溶け込むように身を隠す天才だ。冬は雪上に足跡が残っているので、相手が寝ている場合は比較的楽に見つけられるが、他の季節は大変だ。季節による寝場所の移動を考慮し、今までの経験も踏まえて可能性の高い場所を探すことになる。

夏場は、この辺りにいると分かっていても、姿を見つけ出すのは難しい。積雪期には雪に埋もれていた草やぶなどの障害物が邪魔になる上、次第に草丈も高くなる。「隠れん坊」の鬼が、相手を見つけられないというわけだ。隠れている個体は、至近距離まで近寄らなければ逃げ出さずにじっとしているので、なおさらだ。

雪景色に溶け込む隠れん坊の天才

エゾユキウサギを探せ①
答えはP138

日本海に浮かぶ利尻山を見ている？

手前の枝が隠れ蓑

エゾユキウサギを探せ②

答えはP138

これぞ忍法隠れ身の術

難問。ヒントは夏毛です

寝場所

エゾユキウサギの寝場所は、たいてい毎日違う。意識はしていないのだろうが、同じ寝場所を続けて使うとにおいが残り、天敵に襲われる危険性が高まるからだと思う。このように、エゾユキウサギの行動には危険を事前に回避するためと思われるものが多くある。

夏は暑さが苦手なので、草丈が高く風通しの良い日陰が好きな寝場所になる。基本的な寝姿はうずくまった姿勢だが、暑い時には手足を伸ばして横になって寝ている。春先も、まだ抜け落ちていない保温性抜群の冬毛が多いので、晴れると暑くなりすぎるようだ。手足を伸ばして横になったり、腹這《ば》いになって眠る姿が見られる。が、不審な物音や気配を感じると、すぐに起きて基本的な寝姿になる。これが、走って逃げ出しやすい体勢なのだ。

10月上旬、手足から白変が進む。折り曲げた手を足の上に乗せ安心して寝ていると、バッタが上ってきた

雪をかぶっても平気

交尾間近い５月初め、メス（手前）のそばで眠るオスたち

冬は雪上になるので、寝姿が見やすくなる。よく寝場所になっている所は、枝木の陰で見にくい所か、木がまばらで見通しの良い所が多い。例外はあるが、後者を選ぶ個体は、警戒心が強く逃げ出すのが早い傾向がある。逆に見にくい場所で寝ている者は、近寄れる場合が多い。上手く隠れていると思っているからのようだ。

新雪の上では手足が雪に埋もれていて分かりにくいが、手の状態で安心しているかどうかが分かる。基本的な寝姿の時、手を足の前に置いていれば、少し不安を感じている時だ。安心している時は、足の上に手を折り曲げて乗せている。耳の動きとともに、手の位置が分かると、警戒度のバロメーターになる。

エゾユキウサギは、眠っている時も瞼《まぶた》を閉じない。薄目を開けたままで寝ている。たまに目を閉じても、数秒間でまた開く。熟睡はせず、ワシやタカなど空からの天敵に備え、周囲に気を配りながら寝ているのだ。

雪

吹雪の夜、ほとんどのエゾユキウサギたちは活動範囲が狭まり、あまり遠出をしないで過ごす。また、猛吹雪の時には、日中寝ていた場所の近くで採餌をしている。出歩いても数十メートルほどだ。なので、猛吹雪が朝まで続いた日は、足跡探しをするのが一番だ。足跡があると、近くで寝ている個体がすぐに見つけられる。高性能の耳も、吹き付ける暴風雪の中ではさすがに役に立たないようだ。じっと動かずにいるのが最も安心できる方法なのだろう。

エゾユキウサギの寝場所は、その日の風向きと強さが関係している。風が強い日は、なるべく風が当たらない所を選び、寝場所にする。雪質がパウダースノーの場合、風が強く当たる場所の足跡は、すぐに埋もれて消えてしまう。逆に言うと、足跡が消えずに残っている所は、風が当たらない場所ということになり、その近くに寝ていることが多い。

吹雪の日には、風があまり当たらない場所に所々残っている足跡を探し、進行方向を予測しながら追跡する。予想した場所を歩いていない時は、別の場所に残る足跡を探す。こうして、寝場所までたどり着くまでに意外と手間取る時が多い。

吹雪いている時のエゾユキウサギは、全身が雪まみれになっても、全く気にしないで寝ている。時々身震いをして、体に付いた雪をはじき飛ばす程度だ。雪まみれになって寝ている姿は、完璧な保護色になった「雪兎」だ。それでなくても、吹き付ける雪のため、視界不良で見つけにくい。雪と同化したエゾユキウサギを見つけるのは大変だが、「雪兎」を見つけた時のうれしさもまたひとしおだ。

寝ているといっても熟睡はしていない。寝ている時でも、危険を一番よく察知できる器官が耳だ。暴風でないかぎり、強風の中でも、風でざわめく枝木の

音と、それ以外の不穏な音を識別できる聴力がある。

私には全く分からないのだが、不審な音を感じる度に聞き耳を立てる。その立て方は、警戒度によって違う。片耳を少しだけ立てる時は、ほんの少しだけ気になる音が聞こえた時だ。気になる度合いが増すごとに、耳の立て方が大きくなり、やがて片耳から両耳になる。

不審な度合いが低いうちは、動かすのは耳だけで寝たままだ。が、不審度が高まるにつれ、顔を持ち上げて警戒を始める。それでも不安な時には、起き上がってじっと様子をうかがう。危険が迫ってきたらすぐに逃げ出すためだ。動くたび、その部分に積もっていた雪が滑り落ちて「雪兎」の形は崩れてしまう。が、何でもないことが確認できると、安心して再び寝姿に戻り、また「雪兎」が出来上がる。

吹雪は、天敵の目からエゾユキウサギを遮ってくれるが、うっかり見つかると、身が危うくなることもある。だから、吹雪の日でものんびりと寝てはいられないのだ。

足跡

何かに追われたエゾユキウサギが、雪上を全力疾走した足跡を見つけた。近寄って見ると、追跡者はエゾクロテンと分かった。エゾクロテンが全力疾走した跡は、両手と両足をそろえ、「尺取虫」のような形で跳び歩くいつもの足跡とは違う。

もともと身軽なエゾクロテンは、手足が大きいので雪に抜からずに走れる。数百メートル以上も執拗《しつよう》にエゾユキウサギを追跡していた。エゾユキウサギに比べると手足はだいぶ短いが、頭抜けた

名ハンターのエゾクロテン

跳躍力の持ち主だ。疾走するエゾユキウサギを捕まえようと、競り合いをした跡が残されていた。エゾユキウサギは無事に逃げおおせたが、エゾクロテンは想像以上に危険な伏兵だ。

エゾクロテンがエゾユキウサギを追跡したり捕食した跡はまれにしか見られないが、キタキツネがエゾユキウサギを追跡した跡はよく残されている。

雪上には、動物たちの足跡と痕跡の一部始終が残されている。それらを見ることで、動物の行動や、その時の心理を想像できる。探偵になったつもりで、状況証拠からいろいろ推理するのも楽しいものだ。

普段の足跡はエゾユキウサギ独特の「ケンケンパ」だ。雪上観察会で、このケンケンパの跡を見ながら「進行方向は？」と尋ねると、時々逆方向を答える人がいる。両手両足の付き方を見れば無理もない。

実際は、「パ」の足が前で、「ケンケン」の手が後ろ。走る時も、跳ぶ距離が長くなるため手の位置が少し離れるだけで、やはりケンケンパになっている。

どうしてこういう歩き方になるのか？　連続写真を見れば説明は不要だが、足が両手をまたいだ形で着地している。

エゾユキウサギが疾走するシーンを見ると、強靭《きょうじん》なジャンプ力と柔軟な体で跳躍距離を伸ばしているのが分かる。着地した時に縮まった体を伸ばすことで、バネのように距離を増しているのだ。跳んでいる姿を真横から見ると、空気の抵抗が少ない流線形になっている。走るのに最適な体型だ。（↓P84）

エゾユキウサギの足跡を追跡していると、急に立ち止まり、お座りをした跡があった。その後、立ち上がった跡と、横に跳んで逃げ去った跡が残っていた。「多分、キタキツネを見つけて逃げたのだろう」と思いながら、逃げ去った反対側の方向を見に行った。すると、やはりキタキツネの歩いてきた跡があった。近づいてくるキタキツネをいち早く見つけたエゾユキウサギが、様子をうかがった後、やはり危険だと思い走り去った跡だったのだ。

追いかけっこのような追尾行動の跡、じゃれ合った跡、ストーカーみたいにメスの後を追うオスの跡、跡くらましをした「止め足」、いろいろな食痕など、雪上にはさまざまな痕跡が残されている。私はそれをエゾユキウサギからの便りだと思っている。中には不可解な便りもあるが、その手紙の意味を読み解くのはとても面白い。

逃げるエゾユキウサギ（右）を追ったエゾクロテンの走行跡（左）

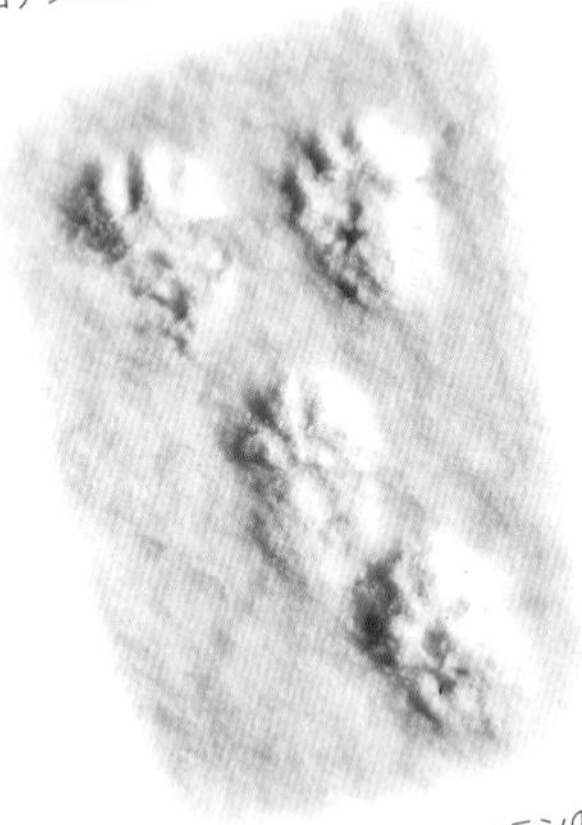

全力疾走したエゾクロテンの足跡
（上の２つが両足）

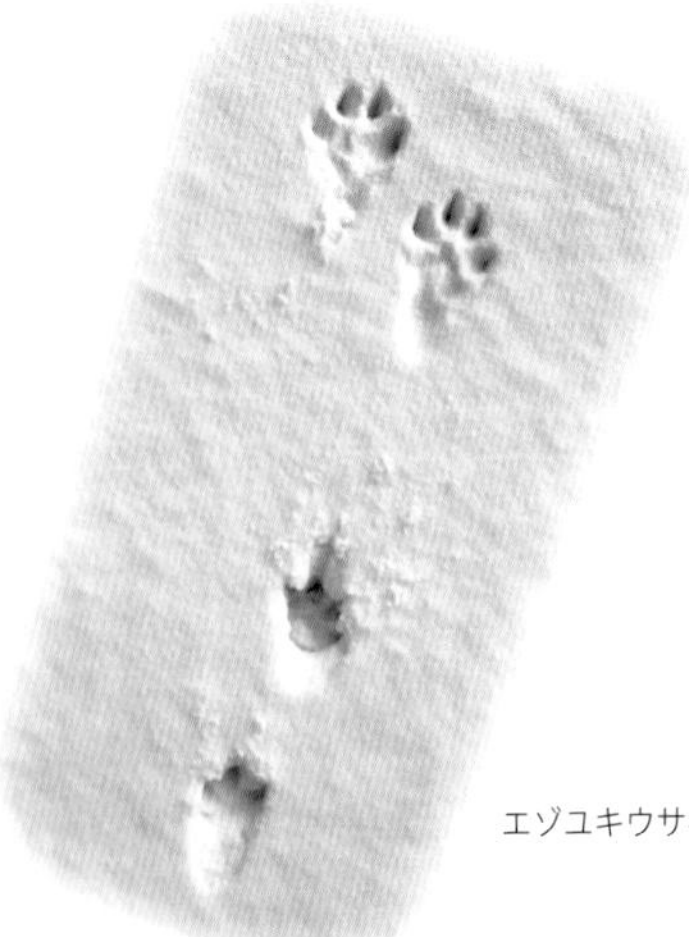

エゾユキウサギも必死？

エゾユキウサギの足跡
の匂いを嗅ぎながら追
跡するキタキツネ

エゾユキウサギ、逃げる

危険を感じて逃げるエゾユキウサギ

オジロワシの飛翔

私は昔、エゾユキウサギに逃げられた場合、後を追わず、必ず寝ていた場所を確かめることにしていた。止め足から寝場所までの足跡をたどったのだ。その結果、寝場所に選ぶ場所には共通点があった。

一番多いのは、幹が斜めになっている木の根元付近だ。雪穴が掘りやすいからだろう。その頭上には横枝がある場合が多い。上に枝があると、空から襲ってくる天敵に対する軽いブラインドや障害物になる。それで安心できるようだ。また、止め足があった付近からは、寝場所が枝や雪などの陰になっていて見えなくても、寝場所からは止め足の周辺がよく見えた。

雪上に残された足跡や痕跡からは、実にいろいろな情報を得ることができる。はじめの第一歩は足跡の追跡。そして足跡の終点には、逃げられた場合を除き、必ず寝ているエゾユキウサギがいる。

天敵

エゾユキウサギの一番の天敵はキタキツネだ。健全な親ウサギはキタキツネよりも足が速いので、不意打ちで襲われないかぎり、捕まえられる者はまれだ。捕食されるケースが多いのは、子ウサギと、交尾の日の「脱落組」のオス（↓P93〜）。次に危ないのが、警戒心が弱まっている交尾の日の前後と、毛変わり時期だ。

さらに恐ろしいのがクマタカで、日中に出歩いているのを狙われる。春先の交尾時期には、まだ渡去していないオジロワシとオオワシの若鳥が多く見られる。しかし、かれらからよく目につくはずのこの時期のエゾユキウサギを襲うシーンは、まだ一度も見たことがない。

エゾユキウサギの体重は、小さい者が3キロ弱、大きい者でも3・5キロほどなので、サケを捕食するのと変わりはなく、捕食する気になれば可能な大きさだ。この時期のワシたちは、沼などで冬の間に死ん

エゾフクロウ

だ魚を拾って食べていて、食うには困らない。それで、満足しているのだろうか？

オジロワシの成鳥がエゾユキウサギを捕食したのを、一度だけ見たことがある。夏、若者らしい個体が牧草造成地の片隅で襲われていた。冬に、車に轢《ひ》かれたエゾユキウサギの死骸を道端でついばんでいるのを見たことはあるが、捕食シーンは初めてだ。その後も見ていない。

これもまれなケースだが、キタキツネも危険だ。10年ほど前の11月中旬から12月上旬にかけての話。撮影によく通っていた林で、エゾユキウサギがキタキツネに何匹も捕食された跡があった。その年は雪が積もるのが遅く、捕食された状況証拠があちこちの現場に残った。

エゾユキウサギの毛は抜けやすい。そのため、捕食された場所には白くなった毛がたくさん落ちている。周りに雪がないので、とてもよく目立つ。状況から推理すると、以下のようになるようだ。

エゾユキウサギが「バサッ」「ガサッ」と大きい音を立てながら、枯れ草や落ち葉を踏み、いつもの通り道を歩いてくる。いち早く獲物の接近を知ったキタキツネは、エゾユキウサギの通り道側の草陰に身を潜め、じっと待つ。不意打ちで襲うためだ。エゾユキウサギが気配に気づいた時には、すでに手遅れだ。

私は、エゾユキウサギがあれほど続けざまにキタキツネに捕食された跡を見たことがない。才覚ある一匹のキタキツネが、エゾユキウサギの狩りの仕方を学習し、次々に捕獲していったのだと思う。

キタキツネ以外にも、エゾタヌキ、アライグマなどの天敵がいる。子ウサギたちにはネコやイヌ、エゾフクロウやトラフズク、オオタカやノスリ、カラスなども恐ろしい存在だ。エゾユキウサギは、生まれた時から絶えず天敵に狙われ続けている身の上だとも言える。

キタキツネ

3月に入った昼間の原野を、2匹で出歩いているエゾユキウサギがいた。この時期、昼間に複数が出歩いている日は交尾の日だ。追いかけっこをしながら去って行くカップルの後を見失わないようについて行くと、もう1匹遅れてオ

スがやって来た。でも、このオスはペアの2匹を見失ったようだ。別方向に向かって進んで行った。そして、その先には熟睡中のキタキツネがいた。

10メートルほど横を通りかかったオスは、キツネに気づいて立ち止まった。一目散に逃げるかと思いきや、何と様子をうかがいながら近寄り始めた。キツネの方向から弱い風が吹いているので、キツネはウサギに全く気づかずぐっすり寝ている。

5〜6メートルほどまで近寄り様子を見た後、満足したのか離れ始めた。好奇心から近寄り、様子をうかがっていたのだろうか？　また、キタキツネが寝ているのを分かったのは、どうしてだったのか？

いくつかの疑問が残った。キツネの体臭に気づいたのだろうか？　それとも、寝息あるいは心臓の音が聞こえたのだろうか。不思議だ。

エゾユキウサギが数メートル離れた時、その足音に気づいたキタキツネが目を覚ました。そして瞬時に「これは棚ぼただ」と思ったようだ。すぐさま猛然とダッシュをして、追いかけっこが始まった。でも、ウサギが真剣に走ったのは100メートルほど。キツネは長距離を全力疾走できない「短距離ランナー」なのを知っているのだ。その後は、追って来るキツネを気にしながらも、余裕で逃げ去った。

キタキツネが健全なエゾユキウサギを捕食できるのは、不意打ち以外はまれだ。足はウサギの方が速いので、追いかけても短距離で勝負がつかない時は、深追いせずにキツネがあきらめてしまう。エゾユキウサギも自分の方が速いのを分かっている。キツネが見えている時には、余裕のある対応をするのが見られる。

天敵キタキツネ。油断は禁物

ボディーガード

エゾユキウサギのイメージは、「臆病で警戒心が強い」というのが一般的で、実際にそういう個体が多い。だが、その性格にははっきりした個体差がある。

一番警戒心が強くなる時期は冬。体を隠せる草薮《やぶ》などが雪に覆われ、見通しが良くなるからだ。

エゾユキウサギが天敵から身を守る術は二つ。いち早く逃げ去る方法と、じっと動かずに身を潜める「草化け」や「雪化け」だ。冬には名前の通り「雪のような白い冬毛」になってはいるが、それでも安心できないのだ。

雪上で寝ているエゾユキウサギに近寄れる距離は30〜40メートルくらいが多いが、中には信じられないほど遠くても逃げる者もいる。反対に、数は少ないが、かなり近寄っても逃げずにいる者がいる。

冬の間、エゾユキウサギは交尾の日以外、昼間はほとんど寝ている夜行性だ。メスは、オスよりも保守的で行動範囲が狭い者が多い。近寄れるメスを見つけておくと、雪解け後も継続して観察することができる。

毎年冬になると、この近寄れるメスを探すのが私の課題になる。冬の間にいる所は、春先から初冬までとは違う場所だ。それで、寝ている場所を探し歩くことになる。

毛変わり途中は、特別に警戒心が強い者以外、警戒心が薄れる者がほとんどだ。エゾユキウサギの不思議の一つだが、ずいぶんと近寄れる者が多くなる。なので、冬の間から近寄れるメスは、一段と私を警戒しなくなる。

5月に入った夕刻の出来事だった。交尾が近づいた顔なじみのメスに、先日からオスが寄ってきていた。のんびりとしたメスと同様、オスも5メートルほどの距離なら私を気にせずにいた。

休息していたペアが、急に起き上がった。キタキツネが近寄ってきていたのだ。警戒した2匹は立ち上がったまま、キツネの動向を見ているだけで、逃げ出すようすもない。2匹を襲いたいのだろうが、キツネにすると私がとても気になり恐ろしいようだ。静かに移動しながら様子をうかがい続けている。ウサギはそのままの体勢で動かない。キツネは名残惜しそうに立ち去った。

ウサギたちは、キツネが人間を恐れているのを分かっていたようだ。もし、

キツネがウサギを襲いに来た場合、ウサギたちは私の方に向って逃げたのだと思う。ウサギにとって、自分たちには無害な存在の私を、キツネなどの天敵からのボディーガードにしているように思える。

キタキツネが恨めしそうに見ているのは２匹のエゾユキウサギか、それともカメラを手にした私か？

rabbit foot 1

水が嫌い

エゾユキウサギが嫌いなものの一つが水だ。水溜まりがあると、普通は避けて通る。だが、雪解け時だけはあちこちに水溜まりができるので、仕方なく水溜まりを渡ることになる。

水から上がった後は、必ず脚を振りながら走り、ついた水を振り飛ばす。そして、立ち止まって手をパタパタッと振り、水を飛ばす。体が濡れた場合は身震いをして水切りをする。

濡れてもっとも嫌がるのは足だ。足の裏には毛が密生しているので、水をすぐ吸い込んでしまう。だから、足の裏だけしか濡れないぐらいの浅い水溜まりを渡っただけでも、大げさに脚を振り、水をはじき飛ばしながら走る。最速のスプリンターは、足の裏に吸い込まれた水も文字通り「足かせ」になるようだ。

2 毛変わり

冬毛から夏毛へ I

エゾユキウサギは夏と冬で毛の色が変わる。「毛変わり」だ。３月に入ると、早い者は冬毛から夏毛への毛変わりが始まる。目の上や鼻先、耳、背中の一部などから夏毛に変わり始める。初めは白い毛の中に、小さな茶色っぽいシミか、汚れが付いたかのように見える。これが毛変わりの始まりだ。次第に白い毛が抜け落ち、下から伸びてくる茶色い夏毛が広がっていく。が、３月中の毛変わりは、ゆっくりした進み具合だ。

下旬になると、部分的に見れば茶色い毛は広がっているが、離れるとまだあまり目立たない。白い毛が多い毛変わり初期のこの時期には、体を伸ばすと、背面や横腹などの白い毛の抜けた部分の下に

毛変わりの初期（3月中旬）

ある夏毛が目立つ。細くて茶色い筋や、斑紋のようになって見える場合が多い。見方によっては、ケガをしているようにも見える。

この時期、昼間はプラス気温になる日が多く、日毎に雪解けが進む。次第に減る積雪の表面は、解けた雪に含まれていた物質や小さなゴミで少し汚れてくる。この色と、夏毛への毛変わり初期の背面の色はよく似ている。偶然なのだろうが、後ろ側から背中を見た時は良い保護色になっているのだ。

冬の間は、エゾユキウサギよりも雪の方が白く見える。が、雪解けが進むこの時期、背面を除いた胸や側面は、エゾユキウサギの方が白い。なので、日光が側面や胸に当たると、白さが際立ちよく目立つ。またこの時期は、日中に解けた雪が夜間の寒さで凍り、堅雪になる。それで、冬には雪の表面より下に埋もれて見えなかった手足と腹部が見えるようになる。ほぼ全身が堅雪の上に見えていることになるのだ。枝木の陰になると紛らわしいが、それでも真冬の時期に比べると見つけやすい。雪の色と冬毛の色は似ているようで違う。見慣れると、探すのはそれほど難しくない。

冬毛から夏毛へ Ⅱ

4月に入ると、目に見えて進む雪解けとともに、毛変わりも急ピッチで進む。まるで雪解けに合わせ、夏毛に変わっているかのようだ。毛変わりの過程は、冬毛に変わる時とちょうど逆だ。冬毛への毛変わりでは最後に白くなる背中から茶色く変わり始める。そして、最後に夏毛に変わるのが手と足。つまり、体がほとんど茶色になっても、手足だけはまだ冬毛なので白い。白変初期の頃と同じく、白い手袋と靴下を履いたように見える。ところが、毛変わり途中だというのに、そうでない者がいた。

数年前の3月中旬、原野の一角で寝ている者を見つけた。静かに近寄ったのだが、警戒心が強い個体だった。接近途中で一目散に走り出した。逃げ去る姿を見て、何か違和感を覚えた。よく見ると、手足が白くないのだ。茶色い夏毛が目立って見える。それまでも、手足のごく一部の毛が完全に白変できず、茶色い毛が残っている者を何匹かは見ていた。だが、これほど茶色い手足をしている個体は初めてだった。

毛変わり異常の個体。手足に茶色い夏毛が目立つ（3月中旬）

近年、毛変わりに異常のあるエゾユキウサギが増えている。完全な冬毛になれず、一部にわずかな夏毛が残る者が多くなっているのだ。以前は、「今年は若者が多いからかな」と思い、気にせず見ていたが、サロベツ原野でも近年、エゾユキウサギが減少し続けている。その中で、不完全な毛変わり状態の者が目につく。若者以外にも、完全に白変できない者が増えているのだ。

前年遅くに生まれた若いメスは、5月上旬でもまだ白い毛が多く残る者がいるが、それ以外のメスは、オスよりも早く夏毛に変わるのが普通だ。5月上旬には、手足を除き、ほとんど夏毛に変わったメスもいる。毛変わりの早いオスもいるが例外だ。4月下旬から5月上旬に何匹か集まっている時は、一番茶色くて体が大きい者がメスである確率が高い。若い者以外のメスは、オスより体が大きいが、残っている冬毛が多いオスも大きく見えるので紛らわしい。

夏毛に変わる時は、冬毛が抜け落ちやすくなっている。なので、毛変わりの終盤は、日毎に茶色い夏毛に変わる。その上、次第

顔が茶色くなってきた（4月上旬）

だいぶ夏毛に変わった（4月下旬）

にスマートになるため、何日かぶりに見ると、別の個体かと思うほどだ。

足だけがまだ白っぽい（5月中旬）

枯れ草の中だとほとんど目立たない（5月上旬）

夏毛から冬毛へ Ⅰ

早い個体では、9月に入ると間もなく「白変」が始まる。とは言っても、はじめはよく見なければ分からないぐらい微々たるものだ。

手足の指から次第に手首、足首へと白い毛が増し、白変していくが、進み具合はゆっくりだ。9月下旬には手首と足首まで白くなる者もいるが、まだ茶色い毛もだいぶ混じっている。

10月に入って少しすると、白い手袋と靴下を履いたようになる者が増える。夏毛でも、耳の縁の一部や、鼻と口の下などには白い部分がある。それが少しずつ広がっていき、目立つようになり出す。夏も目の周りは白っぽいが、これも冬の白い毛に変わる。夏には上面だけが茶色だった尾も、だいぶ白くなっている。

この後、白変は手足の上方向に進む。同時に、耳や顔、肩、首の一部、腿《もも》の内側などにも白い毛が増えはじめる。ただし、その進行はゆっくりだ。

10月下旬に入ると、伏せた格好での下半分は白い冬毛、上半分はまだ茶色い夏毛の状態になる。だいぶ白くなった耳と顔の一部を除き、上から見ると、背中は夏の毛色だ。なので、じっとしていると目立たない。タカなど空からの天敵に対して、良い保護色になっている。

夏毛のままに見える背中にも、すでに密生した白い冬毛が下から生えてきている。そのため、夏毛の時と比べると、次第に太ってきているように見える。強い風が吹いて逆毛が立った時には、内側の白い毛が見える。

毛変わりの始まりと進み具合は個体差が大きい。その年に生まれた個体は、春先に生まれた者以外、始まるのが遅い。特に晩夏に生まれた者は、10月中旬に毛変わりが始まる者もいる。

夏毛から冬毛へ Ⅱ

10月中旬までは毛変わりはゆっくり進むが、下旬から11月上旬にかけて、目に見えて白変が進む時期がある。早い者では、10月末から11月初めには、腕から肩、膝から腿、胸から首にかけてがずいぶん白く変わっている。その後は、

聞き耳をたてながら足の手入れ（5月中旬）

手足も夏毛に変わってきた（5月下旬）

10月下旬、日毎に夏毛から冬毛に変っていく

エゾユキウサギ、変わる

11月中旬、雪がないと白さが目立つように

またゆっくり毛変わりが進む。

11月中旬から下旬になると、耳や顔、背中などの一部を除き、白変した個体が多く見られるようになる。耳や顔は早くから白変が始まるが、完了するまでに一番時間がかかる。耳と鼻、目の上と背中の一部の茶色い毛が白くなると、白変は完了だ。

白変が遅く始まった若者以外は、12月中旬から下旬に白変が完了する者が多い。白変の始まりが遅かった若者は、その分遅れて完了することになる。生まれたのが遅い若者は、年が明けてもまだ白変終盤の者が多い。ほとんど白変しているのだが、顔や耳などの一部に残る夏毛の毛変わりに時間がかかっているのだ。1月中には白変が完了する者が多いが、中には耳や鼻先、目の上などの夏毛が、わずかだが完全には白変できずに終わる者もいる。

基本的な毛変わりの仕組みは、まず茶色い夏毛が抜け落ち、白い冬毛に生え変わる。だが、それ以外にも、一部の夏毛が白くなる場合もあるようだ。例えば、背中の毛がそうだと私は思っている。

茶色の毛が白くなる過程をよく見ていると、白くなる前に、灰色や、光線の

加減によっては銀色に見える時期がある。この毛が白い毛に変わっているようだ。

耳の先にある小さな黒い部分は、冬毛になっても白くならず、年中黒いままだ。雪の上では、黒い目とともに、小さくてもとてもよく目立つ。

長い間、この黒い耳先にどういう意味があるのか不思議だった。それが、偶然面白いシーンに出合えた。

ある時、後ろから見たエゾユキウサギの目が四つに見えた。上を見ている目と、下を向いた耳先の黒い部分が目に見え、目が四つあるように見えたのだ。驚きながら撮影した。チョウやガの仲間には、翅《はね》に目のように見える模様のある者がいる。敵を欺《あざむ》くためだというが、ひょっとしたら、エゾユキウサギの耳先もそうなのかもしれない。

オスとメスが葉陰に身を潜める。数時間後に交尾があった（5月下旬）

エゾユキウサギを探せ③
答えはP139

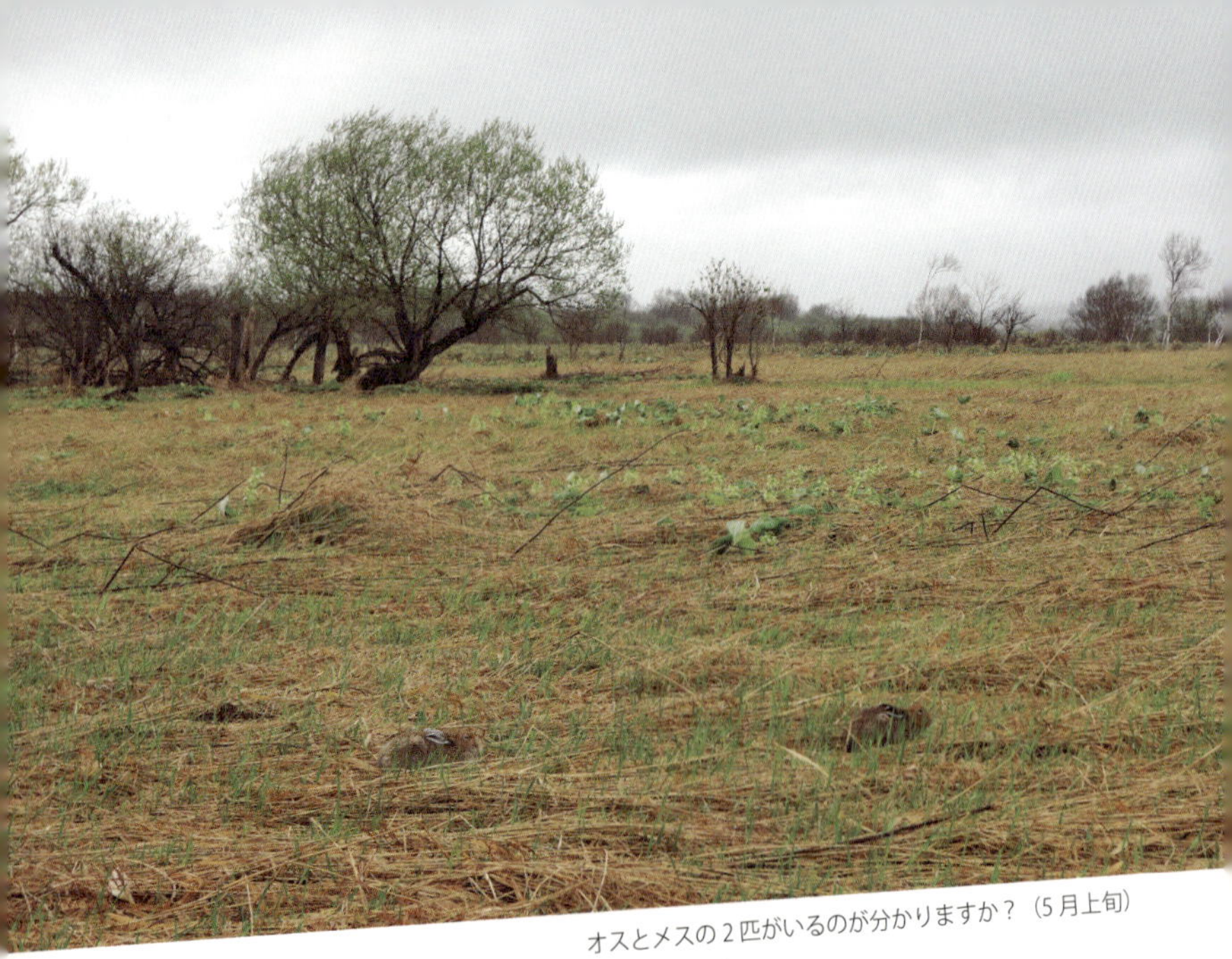
オスとメスの２匹がいるのが分かりますか？（5月上旬）

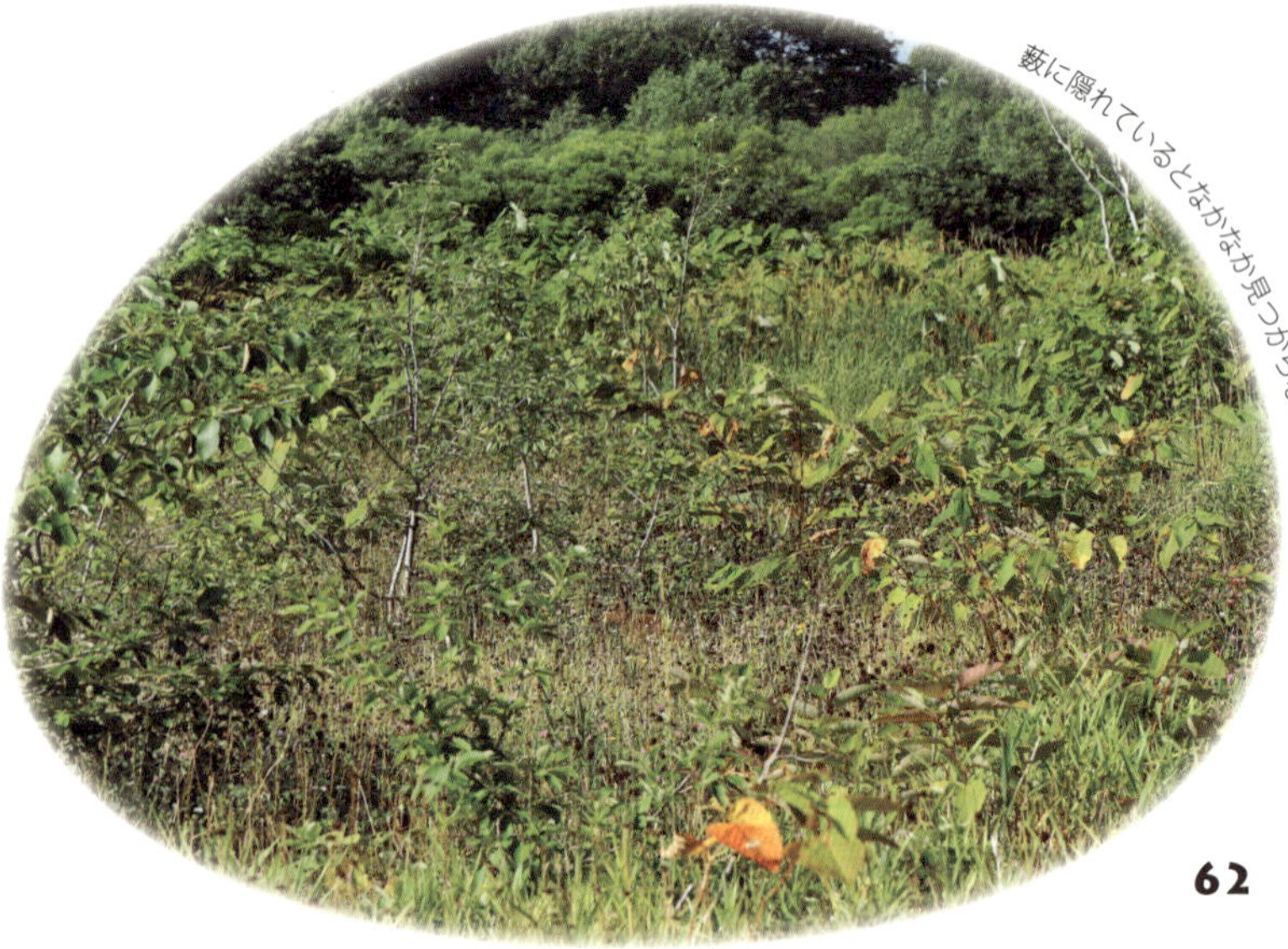

藪に隠れているとなかなか見つからない

ミズバショウ群落の中で眠る

花畑の向こうに……。だんだん法則が見えてきましたか？

rabbit foot 2

ミズバショウが好き

春先、ミズバショウの花が咲いた林床は、エゾユキウサギお気に入りの寝場所だ。よく目立つミズバショウの花の白い苞《ほう》が、まだ冬毛で白い手足と耳の一部をカムフラージュしてくれる。

ミズバショウが多い林床には好物のアザミも多く生えているので、一眠りして目覚めると、近くに生えている若葉をよく食べる。

ミズバショウの葉は、花が終わると日毎にぐんぐん伸びる。大きくなればなるほどエゾユキウサギをうまく隠してくれる。周りの草丈も高くなるので、天敵からの隠れ場所が増える。

3 パーツ編

耳

エゾユキウサギの耳は警戒度のバロメーターだ。安心して寝たり、休息している時は両耳を伏せている。が、不審な物音や気配を感じると即、耳が反応する。その時の警戒する度合いにより耳の立ち方が違う。両耳をピンと立てた時が最高の警戒度で、耳の角度が小さいほど警戒度は低い。片耳だけの場合はさらに低く、何かが少し気になる程度のものだ。非常に聴力が良い耳は、前後左右自在に動かせ、気になる物音の音源を探れる優れものだ。

エゾユキウサギは移動したり走る時には、耳をピンと立てているのが普通だ。が、例外がある。草木の葉や枝が込んでいる場所を移動する時と、上空にワシやタカがいる時だ。後者の場合には耳を伏せ、雪がない時は密生した草木の薮《やぶ》にコソコソと逃げ込む。冬場は、寝る前に掘ってある雪穴の中に潜り込み避難する。

前者を利用したエゾユキウサギの捕獲法がある。昔はよくこのワナを利用し、エゾユキウサギを捕まえる人が多くいた。ワナは非常にシンプルなもので、投げ縄の針金版だ。違うのは、固定式の細い針金で作ったくくりワナで、輪の中をくぐろうとして耳を倒したエゾユキウサギが頭部を入れると、首が絞まる仕掛けだ。輪の直径が大きい場合には腕や胴体がかかり、針金が切れ、小さいと頭が入らない。雪上からの高さと、仕掛ける通り道や餌場の場所など少しだけコツが必要だが、誰でも簡単に設置できた。

当時は、貴重なタンパク源として多くのエゾユキウサギが捕まえられていた。当時でも、ワナでの捕獲には甲種の狩猟許可証が必要だったので、ほとんどの人は狩猟法違反ということになる。が、皆見て見ぬふりのおおらかな時代だった。エゾユキウサギの数も多く、冬になると植林したミズナラやシラカバなどの広葉樹の若木を食べる害獣として嫌われ、駆除されていた（針葉樹はめったに食べない）。営林署（現在の森林管理局）に耳を持参すると、両耳1セットでその数だけ買い上げてくれる賞金首ならぬ「賞金耳」になっていた。

戦後間もない頃のこんな話を聞いた。主婦のHさんは、市街から5キロほど離れた山間に住んでいた女傑だ。街の店で買った60キロの米俵を担ぎ、小さな峠を越えて家まで帰る元気者だった。Hさんは毎年冬になると、家の周りだけでたくさんのエゾユキウサギをくくりワナで捕まえていた。多い年には100匹以上も捕まえていたという。当時は、それだけ捕獲しても間引き程度だったようだ。近年の現状から見ると、うらやましいほどたくさんのエゾユキウサギがいたことになる。

放熱器官

冬のエゾユキウサギは、全身が密生した白い冬毛で被われる防寒仕様だ。しかし耳だけは例外で、内側には毛が生えていない。外側には一応密生しているが、密度は他の部分に比べて薄く、毛も短い。

逆光で透けた耳の内側を見ると、血管がよく分かる。条件が良ければ、太い血管だけでなく、毛細血管が網の目のように張り巡らされている様子も分かる。この毛が生えていない部分は体温を下げる放熱器官になっていて、上昇し

逆光に耳の血管が透ける

た体温を放熱している。

普段の耳の温度は、体温よりずっと低いようだ。エゾユキウサギは体に雪が降り積もっても、あまり雪を払わない。だから、地面に伏せたままじっと寝ていると、耳の上にも雪が積もる。でも、その雪が体温で解けることはない。耳の温度が低いからだ。耳が温かいと、そこから体温が逃げる。走った後などに体温が上がった時には、温かくなった耳から余分な熱が放出されるうまい仕組みになっている。

エゾユキウサギの耳は普段、毛の生えている耳の外側が内側に被さるようになっていて、耳の内側はよく見えない。ところが、何かに異常を感じて警戒態勢に入った時は、聞き耳を立て、被さっていた部分が開く。耳の内側の面積を広くし、集音効果を高めているのだ。放熱時も同じだ。耳を立てて内側の面積を広げ、体温を早

く下げる。

もう一つうまくできているのが、耳の縁から内側に被さるように生えている毛だ。耳の内側を保護し、凍傷防止の役目も果たしている。

鳴き声

以前、NHK総合の番組「ダーウィンが来た!」で、私が撮影したエゾユキウサギの「ラブコール」が「ダーウィンニュース」として放映された。ナキウサギを除くウサギには声帯がないため、鳴き声を出せないといわれており、その時にエゾユキウサギのオスが発したラブコールが「世界初」の鳴き声の記録になった。今までに聞いたエゾユキウサギの鳴き声らしい音は、空気を吐き出すような「ブッブッ」とか「グッグッ」というものだ。怒ったり、驚いた時に出しているのが聞けた。この情熱的な(?)オスが発したラブコールは「クゥー」という鳴き声に聞こえた。メスから交尾のゴーサインが出るのを側でじっと待っていた時に、何度か繰り返して鳴いたものだ。

この時の一部始終を、私は動画で撮影することができた。よく見ると、このオスには大きな特徴があった。左耳が縦に裂けているのだ。見る角度によってはあまり目立たないが、かなり大きく裂けていた。この個体を私は「ギザ耳」と名付けた。２０１０年5月はじめのことだ。

「ギザ耳」は、その後も13年5月まで、毎年4～5月にサロベツ原野の一角にある同じ林にやって来て姿を見せてくれた。ギザ耳のお目当ては、この林で子育てをするメス。そのおかげで、私もその個体に出合うことができた。

野生動物の寿命を知るのは大変難しいが、ギザ耳が09年生まれなら、生後5年目初めまでは生きていたことになる。09年以前に生まれていた場合、齢はその分だけ増えるが、それを知るのはギザ耳だけだ。

私の経験では、毎年冬から春にかけて顔なじみになった個体も、1〜2年ほどで出合えなくなるケースがほとんどだ。おそらく、エゾユキウサギの平均寿命は数年ほどだと思う。ギザ耳は「ご長寿ウサギ」と言えるようだ。

視力

寝ているエゾユキウサギが、急に耳を立てて遠くを見上げる時がある。その視線の先には、大抵オジロワシなどの大きい鳥が飛んでいる。

エゾユキウサギが熟睡する時間はわずかだ。寝ていても、薄目を開けてぼんやり周りを見ている。そして、動くものには敏感に反応する。飛んでいるカラスにも反応するが、身に危険が及ばないことが分かっているようで、気にする様子はない。それが、ワシやアオサギなどの大型の鳥の場合、耳をそば立てながら、じっと目を開け注視する。耳は良いので、遠くで羽ばたいた時でも、翼が風を切る音が聞こえているはずだ。だが、羽ばたきをせず旋回している相手をじっと見つめているということは、視力も良いのだろうか？

積雪期になると、私の服装は白の上下になる。雪上では一番目立たない色だからだ。この出で立ちは、キタキツネには効果がある。こちらに近づいてくる間じっとしていると、気づかずに近くまでやって来る。私が風下の場合はなおさらだ。また相手が寝ている時も、風下から静かに近寄ると、かなりの距離まで接近できる。でも、耳が良いエゾユキウサギには音で気づかれてしまう。どこまで近寄れるかは、その個体の警戒心の強さ次第だ。

10年ほど前の真冬、ずいぶんと近寄らせてくれる個体に出合った。撮影に通っているうちに、3メートルぐらいまで近寄っても全く私を気にしないようになった。

これなら友人のTさんが一緒でも大丈夫だろうと思い、撮影に同行してもらった。ところが、やって来たTさんの服装は、上下が黒っぽいスキーウェア。怖がらせないよう静かに相手に近付いてもらったのだが、結果は予想外だった。20メートル以上離れているのに、エゾユキウサギは一目散に逃げて行ってしまったのだ。服の色が原因だとは断定できないが、それ以来Tさんは、私と同じく白い服を着るようになった。

白っぽい服を着てエゾユキウサギを撮影中のＴさん

上空のオジロワシをじっと見つめる

目を見開いて固まる

「びっくり目玉」（→ P78）の若い個体

エゾユキウサギ、見張る

この個体はヒゲの白変が遅れている。下は黒変が遅れている個体

長いヒゲは暗闇の中ではセンサーの役割を果たすようだ

エゾユキウサギの目で、もう一つ疑問に思っていることがある。それは色覚で、色をどの程度認識できるのかだ。夜行性の生きものたちには色盲が多いという。ほぼ夜行性のエゾユキウサギも、色盲の可能性は高い。

びっくり目玉

何かに不安や恐怖を感じた時、エゾユキウサギは目を大きく見開く。普段は見えない黒目の周りの白い部分が見えるほどだ。

この「びっくり目玉」は、耳の立て具合と同じく、警戒度のバロメーターになる。こうなると度合いは最高。危険だと思った時はいつでも全力疾走で逃げられるよう、緊張して様子をうかがっているのだ。

その原因がタカやワシなどの時は、すぐに草の中に身を潜める。近くにいる私が原因になることもあり、その場合、しばらくの間は身動き一つできない。ウサギが落ち着くのを待ち、静かにゆっくり動くことになる。こうなると大抵はうまく接近できず、少し近寄ると即、「脱兎《だっと》の如く」逃げ去る。だから、こんな時はそろっとその場を離れるのが最善策だ。

ヒゲ

エゾユキウサギには長く立派なヒゲが生えている。このヒゲ、夏と冬では色が変わる。夏は黒、冬は白だ。黒から白に変わり始めるのは、体の白変進行が目立つ10月下旬から11月上旬が多い。

ヒゲは生え変わるのではなく、色が抜けて黒いヒゲが白くなる。ヒゲの白変は、口元のヒゲから始まり、目元に向かって変わっていく。目の上に数本長く伸びているヒゲ状のまゆ毛も、口ヒゲの白変が終わる頃には白くなっている個体が多いが、ヒゲの白変は個体差がとても大きい。

白変が始まると、短い期間で変わってしまう個体がいる半面、ずいぶん長い時間かかる者もいる。中には、白変途中で終わり、真冬でも黒いヒゲが残っている者も見られる。逆に、夏に黒くならない白ヒゲが混じっている者もいる。

ヒゲは、昆虫の触角と同じような役目を果たしているらしい。触れた感覚で

ヤナギの枝を手で押さえて樹皮を食べる

いろいろなことが分かるようだ。雪穴の奥に逃げ込んだ時など、暗闇の中では特に役に立つのだろう。

だが、エゾユキウサギの行動を長く観察してきたが、ヒゲの効用はまだよく分からない。長いヒゲは立てていることが多いが、暗闇以外での使い道はないのだろうかといつも不思議に思っている。ヒゲの効用を知りたいものだ。

耳をしごく。最後は先の方を舐めて仕上げる

手と足

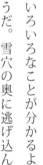

手枕をして気持ち良さげに眠る

エゾユキウサギは手がとても器用だ。リスのように指を上手くは使えないため、餌を持つことはできないが、両手を使っていろいろな仕事をする。顔洗いと耳の手入れは両手を使うのが普通だが、時々片手でも行うことがある。

耳の手入れは、左右の耳を片方ずつ両手で挟み、根元から先端へと扱《しご》く。耳

メス（奥）を巡るオス同士の殴り合い（？）

を折り曲げて行うので、耳先の方は口元に届く。先の方を舐める時には舌が見える。大切な耳の手入れは念入りに行われ、片方が終わるともう片方の耳に移る。

餌を食べる時にも、時々手が使われる。足と同じく胴も長いので、70センチほどの高さなら口が届く。食べたい枝がさらに高い所にある時は、爪先立って伸び上がる。踵《かかと》から指先までで20センチほど高くなる。

立ち上がってから、大抵は両手を伸ばし、枝を口元まで押し下げて噛み切る。雪上に落とした枝や、枝の樹皮を食べる時にも、枝が動かないように押さえて食べている。

警戒した時にもよく立ち上がる。不審な物音や気配を感じると、それが何かを確かめるためだ。低い位置よりも高い方が見やすく、聞きやすいので、長い足と胴はこの時にも役に立つ。

手はシャベルの代わりになる。冬は、雪穴を掘る時や、寝場所を平らにする時に威力を発揮する。両手を使うので作業は早い。初冬、雪に埋もれた牧草などを掘って食べる時にもとても役立つ優れものだ。また早春、大好物のシロツメクサ（白クローバー）の葉が伸びていない時は、地表近くを伸びている茎と地下茎を掘って食べている。

エゾユキウサギは足が速いが、手も早い。小競り合いをする時や、オスとメスが求愛のディスプレーをする時には、立ち上がりながら両手で叩き合いをする。たいていは数秒ほどで終わるが、10秒以上続く時もある。

交尾の日が近づくと、メスの近くに何匹もオスが集まってくる。このオスたちは、決まって何度も、メスに挨拶かたがた自己アピールをしに行く。その度にオスは、メスに頭をポカポカと目にも留まらぬ速さで叩かれる。動画で撮影してスロー再生で見てみた。見た目の倍以上の回数で叩かれていた。時々、横顔に素早いフックも放たれる。オスは無抵抗なので、まるでサンドバッグのようだ。

変わった使い方では、腹這《ば》いになって寝ている者が、手に顎《あご》を乗せて枕にしていたことがある。エゾユキウサギの手は、とても用途が広くて便利なものだ。

エゾユキウサギ、走る

めったに見られない四つ足歩き。
辺りに注意を払い、慎重に歩く（→ P112）

通常の歩行と走行では足が手より前に出る

rabbit foot 3

背中かき

かゆいところがあると、器用に足指の爪先でかくのだが、背中だけは、孫の手代わりの足指も届かない。毛変わり途中は、背中がずいぶんかゆいようだ。何度も寝転がり、かゆいところを雪や地面にこすり付ける。

でも腹を見せる形になるので、無防備になるのが嫌なのだろうか。１回数秒の背中かきは、多くても数回で終わる。

暑い時などには腹這いになり寝そべっているが、この時にも背中がかゆくなると寝転がる。何の前触れもなくいきなり始まるので、撮影時には目が離せない。

4 オスとメス

見分け

繁殖期以外の時期に、見た目でエゾユキウサギのオスとメスを区別することは難しい。でも、若い個体と年を取った個体を除けば、高い確率で見分けられる方法がある。それは顔だ。言葉で表現するのは難しいが、少し角のある「おたふく顔」をしている者はほとんどがメス。額《ひたい》と頬《ほお》の膨らみ具合が少ない場合はオスであることが多い。

別の見分け方として、伸びをした時の尾の位置がある。休息後などの活動を始める前によく行う全身伸びをした時、尾を上げる者のほとんどがオスだ。尾を上げず、下げたままでいる者はメスがほとんどだ。またメスは、繁殖期になると乳首と乳房が目立つようになる。

排尿時には、オスだと分かる確実な識別方法がある。オス、メスともに排尿時には尾を上げるが、尿が後ろに飛んでいればオスだ。以前、私は他の哺乳類のオスと同じく、エゾユキウサギも尿は前に飛ぶものと思っていた。が、事実は逆だった。平常時のペニスが後ろ向きになっているため、逆の方向になるのだ。放尿シーンを、近くからよく見える角度で観察できるチャンスはめったにないが、後ろに出ている尿が見えたら、それは間違いなくオスだ。

オスは、繁殖期になると勃起するペニスが見られる。うずくまった姿勢で睡眠休息をしていた者が、2〜3時間ほどすると、起きて盲腸糞《もうちょうふん》（↓P128）を食べる。それと前後して勃起することが多く、20センチほどに伸びたペニスが見られる。収納する時にはクルクルッと巻き上げる。その時に、先が後方を向いて納まる。これが普通の状態なので、排尿時には後ろの方に尿が飛ぶことになるのだ。また、走っている時に真後ろから見ると、尾の下に睾丸《こうがん》とペニスの収納入り口が見える（↓P18下写真）。

花婿候補

交尾が近くなると、メスの周りにオスが集まってくる。まだ辺り一面雪景色の3月上旬頃に行われる1回目の交尾では、雪上で目立つからなのか、オスは1匹だけの時が多い。複数のケースもあるが、希だ。1日限りの夫婦で、交尾

手に顔を乗せて眠るメス

日差しにまどろむオス

エゾユキウサギ、伸びる

尾を下げて目覚めの伸びをするメス

あくびをしながら尾を上げて伸びをするオス

巻いて収納

勃起するペニス

もその日に終わる。日中に行われない時はその日の夜だ。翌日にはもう離れ離れの「他人」になっている。

雪解けが進むにつれ、集まるオスは多くなる。雪解け後の4月下旬以降では、交尾が近づくにつれ、メスの周りには花婿候補のオスたちがたくさん集まる。前の年遅くに生まれた若いメスほど、オスが集まってから交尾までの日数が長いケースが多い。何匹もの花婿候補が1週間もの間まとわりついていることも珍しくない。

花婿候補たちを見ていると、メスのそばにいて積極的に自己アピールをする者、消極的なのか、遠慮がちにメスと距離を置いている者、その中間の者など、毛変わりの状態と同じく性格もさまざまだ。この時期には、毛変わりの状態で個体識別が可能だ。

オスたちは時々メスに近寄り、鼻と鼻を合わせてあいさつを交わす。一見微笑ましいシーンだが、この後に、大抵メスがオスにパンチかフックを見舞うのが常だ。時には手ではなく口が出る場合もある。珍しくあいさつが長いので、「ずいぶん相性がいいな」と思った次の瞬間、オスの鼻先にガブッと噛みついた。

驚いたオスは、逃げるように元の場所に戻った。でも、メスに叩かれても噛まれても、オスは一切逆らうことはない。メスは「女王様」なのだ。

オス同士の小競り合いは時々ある。強さのランキング付けをしているようだが、メスにいじめられているうっぷん晴らしのようにも見える。

花婿になるのは、メスの一番近くに控えている個体が多い。しかし結果的には、逃げるメスを見失わずに伴走し、完走できた者が花婿になれる。だから予想外の結果になるケースも多い。

この春には、交尾前日までそばに控えていた3匹が皆、脱落組になった。当日、花婿の座を射止めたのは、新参者2匹のうちの1匹だった。花婿になれる条件は、速く走れて、メスを見失わないことなのだ。

繁殖期になると、メスは「赤ション」と呼ばれる尿をする。「私は花婿募集中です」のメッセージが込められたものだ。が、堅雪になり始める頃からが多いので、日中の雪解けとともに雪中に浸透してしまい、あまり見られない。

雪解けが進むにつれ「赤ション」は目立たなくなるが、もしかすると、これが媚薬《びやく》の一種なのかもしれない。

メス（右から2番目）のそばに集まるオスたち（5月上旬）

鼻を合わせてあいさつした後、メス（右）に言い寄るオス（4月下旬）

エゾユキウサギ、色めく

「媚薬」の匂いを嗅ぎながら歩く脱落組のオス（5月上旬）

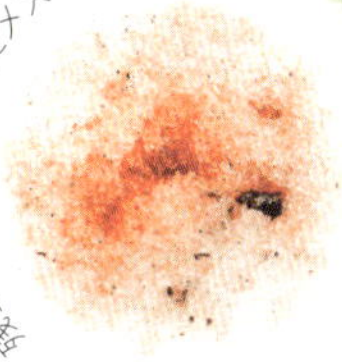

残雪上に残されていたメスの「赤ション」

人間に構わず通り過ぎる脱落組のオス

残雪上のメス（左端）とオスたち。交尾が近い（5 月上旬）

交尾

交尾が近くなった時、メスのそばには1匹のオスしかいないのが普通だ。前日までメスのそばにいたオスたちは、ふるいに掛けられた結果、花婿以外は皆、メスを見失っているのだ。メスが仕掛けた媚薬の罠に惑わされ、ウロウロしているオスたちが落伍《らくご》者になる。この媚薬は、「フェロモン入りの尿」だと思われる。あちこちに前もって散布している。それが時間とともに匂いが強くなり、オスを惑わすのだ。

媚薬の効果が出始める頃、メスはオスたちから逃げるように走り出す。オスたちはすぐに気づいて後を追い始めるが、メスを見て追いかけるオスは1匹か2匹だ。他のオスたちは、媚薬の匂いに惑わされ、途中で匂いを嗅いでいるうちに順次脱落する。このオスたちが、メスの争奪戦（走奪戦？）に復帰する可能性はとても低い。

脱落者の多くは、同じルートで数百メートルほどの距離を何度も回る。メスの媚薬の匂いに惑わされ、先ほど走り去ったメスの足跡の匂いではなく、メスが罠を仕掛けに歩いた時の古い匂いの足跡をたどっているのだ。逆に言うと、こういう行動をしているオスがいると、そう遠くない所にメスとオスのペアがいることになる。

脱落者は、匂いをたどりメスを探すのに夢中なので、警戒心が薄れている者が多い。キタキツネに捕食される危険性が高いのもこの時だ。普段、正攻法で追いかけても、キタキツネの方が足が遅いので狩りは失敗するが、脱落者の場合は、キタキツネの待ち伏せ猟で不意をつかれ、捕食される時がある。見方によっては、近くにいる天敵の目を脱落者に向けさせることで、メスは無事に交尾ができる。もちろん、メスがそこまで考えているのではないだろうが、結果的には淘汰《とうた》の一端を担っているようにも見える。

メスは全力疾走で、追尾しているオスを振り払おうとする。そして、見失わずに最後まで追いかけて来た者が花婿になれる。花婿になれる者の条件は、「媚薬に惑わされず、最後まで追いかけて来るオス」だ。メスに認められたオスは、メスと一緒にじっと木陰や草陰に身を潜め、時が来るのを待つ。希に追尾の終盤でメスを見失うオスもいる。その時にはメスが草陰などに身を隠し、オスが

メスを追うオスたち（5月下旬）

探してくれるのを待つ。私はこれを「交尾前の隠れん坊」と呼んでいる。

確実に妊娠できる時になると、メスが動き出す。それをオスが追いかけ、交尾が始まる。数秒間の交尾を数回繰り返すと一旦休息。それが2、3時間の間に数十回繰り返される。中には百回以上というケースもあった。しかし、後半から

メス（手前右端）の上を跳んでアピールするオス

跳び上がる高さは1～1.5メートルにも

の交尾は形だけの時が多い。撮影した写真を見ると、乗っているだけのことが多かった。

お目当てのメスが交尾を終えると、集まっていたオスたちは、交尾が近い別のメスの元へと移動して行く。

交尾するこの日限りの夫婦（5月上旬）

出産前日のメス（右から２番目）とオスたち（５月下旬）。
なんと出産直後には２回目の交尾が……

出産

エゾユキウサギの妊娠期間は7週間ほどだと思っていたが、確信を持てずにいた。早春の1回目の交尾から出産後まで、同一個体だと思われるメスを今までに何匹も見てきた。だが、出産した場面は確認できずにいた。

メスはオスに比べると行動範囲が狭い。そのため、交尾後も継続して見ることができる。

交尾時にはまだほとんど冬毛だった者が、日を追うごとに茶色い夏毛が増す。だから、毛変わり状態の似たメスが隣接した場所にいる時は、識別に悩まされる。似たお腹の大きさをした妊娠者であればなおさらだ。毎日見ていると問題はないのだが、何日かぶりに見ると、毛変わりが進行しているため、とても紛らわしい。

今年、ようやく念願がかない、交尾から出産までを継続して見ることができた。交尾があったのは4月4日午後。出産したのが5月23日の昼近く。妊娠期間は丸49日。予想していた通りの結果だった。

出産の数日前から、複数のオスがメスの近くに集まっていた。出産と2回目の交尾が近くなってきたからだ。メスの動きに合わせ、金魚の糞のようにオスたちが続く。中には大きく跳び跳ねてメスの気を引こうと、自己アピールをしている者もいる。

出産当日、メスはオスたちの中から選んだ花婿と一緒にいた。毛変わりが少し遅れた体の小ぶりなオスだ。お腹にいる誕生間近い子ウサギの父親とは別のオスで、前年の夏に生まれた若者のようだ。

最初に見つけた時、2匹はタンポポが咲く草原を移動中だった。メスの後にオスがついて回っていた。見失わないようについて行くと、メスが草陰で休息を始めた。オスも側に寄り添い動かなくなった。驚かさないよう、メスが見える位置に静かに移動して様子を見ることにした。

オスもメスの様子が気になるらしい。近寄り過ぎてメスに怒られている。しばらくするとメスの体が低くなり、背中しか見えなくなった。草陰なのでよく見えないが、時々起き上がり、何かを舐めるような仕草をしている。出産した子ウサギを舐めているようにも見える。はやる気持ちを抑えて、ゆっくりとメ

出産間もない母子を見守るオス（奥）

スの足元が見える位置に移動した。

草の隙間から子ウサギが見えた！　長年の夢だった出産の確認が、ようやくできた。

先ほどのオスが親子のところに寄ってきた。また怒られるかと思ったが、今度は違った。子ウサギを置き去りにしたメスが、いきなり猛スピードで走り出した。その後を、オスも全力疾走で追いかけた。「追尾行動」が始まったのだ。

寄り添う子ウサギたち。10数分前に産まれたばかり

出産直後に始まった追尾行動

出産したその日に交尾をしているのではとは思っていたが、さすがに半日くらいは時間を置いてからだろうと予想していた。だから、出産後すぐ、交尾につながる追尾行動をするとは意外だった。

目の前にいる生後間もない子ウサギを撮影するべきか？　それとも、交尾をしに走って行った2匹を追うべきか？　迷った末、私は子ウサギたちを選んだ。

畑の片隅で交尾

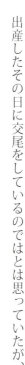

生後10数分ほど経った3匹の子ウサギは、まだ寄り添いじっとしていた。毛が乾ききっていないが、目は開いている。でも、まだよく見えていないのか、それともまだ警戒心が薄いのか、私が近寄っても怖がるようすはない。毛が乾いて少しすると、1匹また1匹と、密生した草株などへ歩いて行き、身を隠した。見ていなければ、どこに隠れているのか全く分からない。見事な忍法「隠れ身の術」だ。生まれつき備わっている天敵からの護身術に、あらためて感心した。

私は先ほど走り去った2匹を探すことにした。既に交尾は始まっているだろうが、そう遠くには行っていないはずだ。2匹が一緒なので、難なく探せると思ったが、見つけられずに時間だけが経過した。

3時間ほど経った頃、意外な場所で交尾をしているのを見つけた。それは何と、耕されたデントコーン畑の片隅だった。

2匹は土の塊にしか見えない。なので、先ほど見た時にはすっかり見過ごしていたようだ。自分たちの褐色をした体が土の上ではよい保護色なのを分かっているとしか思えない出来事だった。距離は遠かったが、取りあえず撮影してから近寄った。

交尾後、2匹は畑側の草陰に身を隠した。少しするとまた交尾が始まるのだろうと思ったが、いくら待っても2匹は動かず、休息したままでいる。先ほどの交尾が最後だったのだ。

長年確認できずにいた事実を教えてくれたかれらに感謝しながら、私は満ち足りた気持ちで帰路についた。

惚けウサギ

エゾユキウサギは、毛変わり途中の一時期、人を恐れなくなる者が多く見られる。10月中旬から12月上旬と、3月末から5月上旬にかけてが多い。かれらにとっては顔見知りではない初対面の観察者を、ずいぶん近寄らせてくれるのだ。ボーッとした様子からは、日頃の警戒心が強い臆病者の面影はない。そこで付けられたのが「惚けウサギ」という不名誉な呼び名だ。この時期だけは、雪上では全く近寄れない警戒心の強い「大学出」の個体にもだいぶ近寄ることができる。

5月上旬、目の前で眠るメス

晩秋から初冬にかけての積雪がない時、草陰などに身を潜めているエゾユキウサギは、体の一部が出ていても意外に目立たないものだが、白い部分が少ない者でも、動けばとてもよく目立つ。実際の白変状態以上に白く感じてしまうのだ。かれらは、動かずにいる方が目立たないので安全だと思っているのだろうか。

ともあれ、惚けウサギはじっくり観察しながら撮影できる最高のモデルだ。見ていると、ただボケーッと寝ているだけではない。耳と鼻はよく動かしている。

眠りから目覚め、右手と右足を伸ばしたメス（5月上旬）

やはり、周囲のようすや気配は気にしているのだ。

私が不思議に思っていることの一つが鼻だ。見ていると、鼻もよく動かす。採餌《さいじ》の時には匂いを嗅いでいるのをよく見る。それ以外に、警戒している時、耳を立てて鼻を膨らませているシーンもよく見る。

耳と鼻はつながっているので、聴力を高めているのだろうか？　鼻を動かしながら口を歪める仕草もよくする。まれに鼻水なのか、鼻の下が少し濡れたように見えることがある。緊張しているのだろうか？

冬毛から夏毛への毛変わり途中の時期は交尾期とも重なる。この時期のエゾユキウサギたちを見て友人が一言。「これは色惚けだわ」

エゾユキウサギを撮影中のTVカメラマン（5月上旬）

交尾の数日前から、メスは何匹かのオスと一緒に、目立つ開けた場所にいる者が多い。だがよく見ていると、ただのんびりしているわけではないのが分かる。時々、警戒した素振りでゆっくり四つ足歩行で動くのだ。エゾユキウサギが、跳ね歩かずに他の動物たちのように手足を交互に出して歩く時は、恐怖心がある時だ。オジロワシなど空からの天敵が近づいて来た時や草薮《やぶ》に隠れる時以外にはあまり見ることができない。メスばかりでなく、オスも同じようにスローな動きで四つ足歩行をするのが見られる。（↓P84）

これは私の仮説だが、メスの場合は恐ろしい思いをすることで受胎《じゅたい》率が上がるのではないか？　ではオスは？　メスへの義理で、恐ろしい思いをしながら付き合っているのだろうか？　この時期のオスは「色惚け」の可能性も高そうだが、真実はいかに？

子ウサギ

エゾユキウサギの子は、生まれた時から全身に毛が密生している。目も開いており、生後間もなく歩くことができる。でも、親ウサギと違い手足が短いので、跳ねるのではなくよちよち歩きだ。耳も短く、密生した毛は縮れた軽い天然パーマだ。その上、3頭身の体型なので、縫いぐるみのように愛らしい。

しばらくの間は速くは走れないので、身を守る方法はじっと動かずにいることだ。草陰でじっとしていると、褐色の体なのに周囲の草に同化し、体も小さいので目立たない。「草化けの術」だが、体臭も薄いため、キタキツネなど鼻の良い天敵も、少し離れると知らずに通り去っている。だが、見つかるとすぐに捕食されてしまう。運任せの命だ。

春先、獲物をくわえている三毛ギツネ（昔、毛皮用に飼育されていた銀ギツネとキタキツネの交雑種の子孫）に出合った。よく見ると、くわえていたのは子ウサギ。生後1週間ほどだろうか。運の悪い子ウサギを、三毛ギツネは食べずに運んで行った。このキツネも子育て中なので、巣に運び込むようだ。人知れず日夜繰り広げられている「食う者」と「食われる者」とのかかわりの一端を垣間見たシーンだ。

子ウサギの天敵は数多い。キタキツネの他にも、イタチ科の動物やイヌ、ネ

あくびをする生後半日ほどの子ウサギ

コをはじめ、タカやフクロウなどの猛禽《もうきん》類がいる。それで、天敵の目を避けるため、昼間の採餌にはあまり動き回らない。暗くなるのを待って本格的な活動を始めるが、行動範囲は狭い。

子ウサギは、特にか弱い生きものだと思っている人が多いようだ。でも、私は一番生命力の強い者だと思っている。ほとんどの動物たちは、授乳中の母親が何かの事故で死んだ場合、子も生き残れずに死ぬ運命にある。だがエゾユキウサギの場合、生後3日もすると、

タンポポの花陰で草を食べる子ウサギ（生後１週間ほど）

母乳だけでなく草も食べ始める。

子ウサギの元に母親が授乳に訪れるのは真夜中に1度だけだ。母乳は脂肪分が高いので、腹持ちがよく高カロリーだという。5週間ほどで授乳は終わり、子ウサギは独り立ちする。確証はないが、万一母親が死んだ場合でも、子ウサギたちが生後半月以上たっていたら、生きていけるのではないだろうか。成長は遅れるだろうが、草だけを食べても食いつないでいける可能性が極めて高いと思う。

子ウサギをくわえた三毛ギツネ

rabbit foot 4

残雪が好き

4月に入ると、日毎に雪解けが進む。雪が残り少なくなるにつれ、夏毛への毛変わりが遅れている個体は白が目立つようになる。それを自覚している者は、目立たないよう残雪の上で過ごす時間が多くなる。

だが、全く気にせず寝ている者がいる。惚けウサギだ。気持ちよさそうに眠る顔はとても幸せそうに見える。のんびり屋の珍しい一面だが、それもこの短い一時期にしか見られない。

ほとんど夏毛に変わったように見える個体も、まだ保温性の高い冬毛が残っている。晴れた日の日中は気温が上がるので、残雪の上にいると体が冷やせる。涼しい残雪の上は、暑さが苦手なエゾユキウサギにとって格好の休息場所だ。

5 食事

春の餌

雪解けが進むにつれ、雪に埋もれていた餌が次々に出てくる。エゾユキウサギが食べるササも、雪上の枯れた葉から緑色の葉に替わる。やはり、枯葉よりおいしいようだ。ササの次に雪の下から出てくる青物も喜んで食べる。初めて見た時には意外なので驚いた。それはトクサ（砥草）だ。見た目にはまずそうだが、とてもうまそうに何本も食べる。

雪が消えた地面にいち早く出るフキノトウも餌の一つだ。が、これは個体により好き嫌いがある。食べる者と食べない者がいる。食べる場合も、葉はほとんど食べず、花の蕾を少し食べるだけだ。旬を味わう「通」だけが食べているのだろうか？

フキの葉も、食べるのは少数派だ。中にはおいしそうに食べる者もいるが、数は少ない。人には好まれる山菜のウドやギョウジャニンニク、エゾノリュウキンカ（ヤチブキ）は不人気。逆に人気のあるのがアザミの若葉だ。葉にも鋭い棘《とげ》があるので、食べると口の中が痛そうだが、平気でムシャムシャと食べている。若いヨモギの葉と茎、スゲやオニシモツケの葉も食べる者が多い。サロベツ原野（湿地）周辺は一大酪農地帯だ。雪が消えた牧草地はとても良い餌場になる。牧草地の拡大は湿地の存在を脅かしてきたが、意外なことにエゾユキウサギやエゾシカなどはその恩恵を受けているとも言える。堤防に植えられた牧草も格好の餌場になっている。

中でも大好物なのがシロツメクサ（白クローバー）だ。まだ葉が開いていないうちから、地上や浅い地面を這《は》って伸びている茎を掘り、食べる姿が見られる。セイヨウタンポポの葉も大好物の一つだ。咲いた花もよく食べている。それで、花も好物なのだと思っていたが、よく見ていると違った。食べ始めの時は、花茎と一緒に花も食べているが、次第に花茎だけを食べ、花は食べずに落としている。花はすぐに食べ飽きるようだ。

冬の主食であるヤナギも、相変わらず大好きだ。芽吹き途中のものから開いた若葉までよく食べる。冬芽から変わりゆく味を楽しんでいるようにも見える。案外、エゾユキウサギは食通なのかもしれない。ヤナギの若葉は動物たちには春先の大人気メニューで、カモやバンなどの水鳥たちのほか、エゾシカも好む。

フキノトウの花の蕾を食べる（4月中旬）

掘り起こした
シロツメクサ
（白クローバー）の
若葉と茎（4月末）

風倒木のシラカバの小枝を食べる（4月中旬）

エゾユキウサギ、食べる①

アザミの若葉を頬張る（5月中旬）

ヤチハンノキの小枝を噛み切る（4月中旬）

ヨモギの若葉と茎（5月上旬）

スギナの若葉を食べる（5月中旬）

夕日が雪原を照らす中、ヤナギの枝に手を伸ばす（4月）

夏から秋の餌

夏。暑いのが苦手なエゾユキウサギは、昼間はあまり出歩かない。風通しのよい草陰や木陰で眠ったり、寝そべっている時間が長い。腹が減ると、寝場所近くで採餌《さいじ》をし、食べ終えるとまた寝るという生活をしている。夏は、ぜいたくを言わなければ周り一面に餌があり、草木が天敵の目をさえぎってくれる。冬の生活に比べると、まるで天国だ。

夏から秋の間、主食は牧草になる。シロツメクサやアカツメクサ（赤クローバー）は相変わらず大好物だ。チモシーやオーチャードなどイネ科の牧草も多く食べる。

クローバーと同じくマメ科の牧草で、ルーサン（ムラサキウマゴヤシ）という栄養価の高い草がある。牧草の女王とも呼ばれている大した代物だ。しかし、エゾユキウサギにはあまり人気がない。私はまだ、一生懸命に食べている姿を見ていない。おやつ程度に少し食べていただけだった。

意外に人気があるのがスギナだ。春先のツクシは食べないが、スギナは好物の一つだ。

他に好きなのが、ブタナ（タンポポモドキ）の花茎。ブタナの花もタンポポと同じく、花は何個か食べると食べなくなる。噛み切った花茎を切り口から食べていき、花までくると食べずに落としてしまう。

夏から秋にかけて食べていた餌で変わった物は、オオイタドリ（ドングイ）の葉と種子、キイチゴの葉と小枝、メマツヨイグサの種子袋、ヨシの葉や茎と穂、ユウゼンギクなど。その間も、ヤナギやシラカバなど広葉樹の葉や小枝を食べているが、多くは食べず、副食かおやつ程度だ。晩秋には、地上に落ちている枯葉も時々食べる。大しておいしそうには見えないのだが……。

数えるほどだが、土を食べているシーンを見たこともある。ミネラル分が含まれているのかもしれないが、エゾユキウサギの好みはどうもよく分からない。

6月下旬、オス（左）とメスがアカツメクサ（赤クローバー）を食べに来た

赤クローバー大好き

エゾユキウサギ、食べる②

8月下旬、食べているのは草の種子

タンポポの
花茎を食べる
（5月下旬）

9月下旬、一足早く
紅葉しはじめた
オオイタドリを
食べる

糞を食べる

寝ているエゾユキウサギを見ていると、早ければ1〜2時間もすると、変わった行動を取る。お座りのような姿勢をした後、うつむいて何かを食べる仕草を何回か繰り返す。これは「盲腸糞《もうちょうふん》」と呼ばれる糞を食べる「食糞行動」で、ウサギの仲間に見られる奇妙な行動だ。

盲腸で作られる糞には、普段の餌にはほとんど含まれていないビタミンやミネラルなどの栄養素が豊富に含まれているそうだ。飼いウサギを使った実験では、盲腸糞を食べないと貧血症状を起こして死んだという結果が報告されている。

盲腸糞を食べる時は、排泄《はいせつ》する糞を待ち受け、すぐ口に入れてしまう。なので、その瞬間が見られるのは希だ。ある時、量が多かったのか、口からこぼれ落ちた場面を見た。それは半固形状の軟便で、あの見慣れたコロコロうんちとは別物だった。足元の雪の上に落ちた盲腸糞はすぐに食べられてしまったため、目にしたのはわずかな時間だった。

日によって、作られる盲腸糞の量は違うようだ。時間も不規則で、頻繁に出して食べる時と、そうでない時がある。盲腸糞だけでなく、普通の糞を食べる時もある。めったに見られないが、これも奇妙な行動だ。消化しきれていない枝木の繊維や、ミネラルなどの栄養素が入っている糞だったのだろうか？

エゾユキウサギの糞は、夏と冬で色と大きさが違う。食べている餌が違うからだ。青草が主食の夏場は黒っぽくて小さい。夏の間は草むらに排泄されるので見づらい。夏場の糞を一番見やすいのは初冬だ。少し雪が積もった牧草地などで、採餌痕や歩いた跡を探すと見つかる。

雪が降り積もるにつれ、餌が青草から枝木や冬芽に変わっていく。すると、糞の色と大きさも次第に変わる。枝木や樹皮が主食になると、黄土色がかった大きい冬の糞になる。消化しにくい木の繊維が入った糞だ。

エゾユキウサギが、日中寝ている場所で糞をするのは希だ。夜に活動を始める時、寝ていた場所に排糞する者もいるが、少数派だ。多くは、活動を始めてからまとめて糞をする。その後は、採餌している時や移動中でも、便意を催すたびにポロッ、ポロッと糞を落とすのが見られる。数は少なく、数個の時が多

エゾユキウサギ、食べる③

盲腸糞を食べる「食糞行動」

黄土色の冬の糞。
大きさは夏の糞の倍ほどになる（3月）

11月中旬だがまだ夏の糞

伸びをしながらポロッと排糞した若いメス（5月上旬）

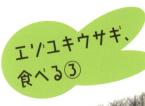

冬。積雪のおかげで高い枝にも手が届く

鋭い前歯でヤチハンノキの
枝を噛み切った（3月中旬）

枯れたササの葉を食べる（3月中旬）

雪に埋もれた
ヨモギの青い葉を
食べる（11月中旬）

い。小鳥のように、頻繁に糞をして体を少しでも軽くしているのだろうか？

冬の餌

積雪が浅い初冬、多くのエゾユキウサギは雪を掘り、雪に埋もれた牧草を食べている。木の冬芽や小枝、樹皮よりもおいしいようだ。積雪が増すまでは、牧草に依存している者が多い。非常に風当たりが強く、雪が吹き飛ばされる堤防の土手や海岸草原などでは、真冬でも積雪の少ない場所がある。極寒の風で土まで凍り、雪の下の草は枯れている。それでも食べに来る者がいる。

雪が降り積もり、夏の間の主食だった牧草が雪の下に埋まると、餌は木の小枝や冬芽、樹皮に変わる。行動範囲も広くなり、採餌をしに長距離出歩くようになる。

多くの者は、1、2キロほどの範囲で餌を食べ歩くのが普通だが、中には3、4キロも遠くにある餌場まで通う者がいる。こういう遠出をするのはオスで、餌の他にもう一つのお目当てがある。そこが、目を着けているメスの餌場になっているのだ。「まずはお友だちから」というのが本音で、早くから顔なじみになりたいからのようだ。餌場近くの雪上には、追いかけ合いをして遊んだ跡がよく残されている。仲良く追いかけっこをした跡ではないかもしれない。しつこく通って来るオスを、嫌がったメスが追い払っている可能性もある。

多くの動物と同じく、エゾユキウサギもよく歩くルートは決まっている。雪上ではそれが道になっているのがはっきり分かる。何日も雪が降らない日が続くと、複数が利用している道は踏み固められた立派な「街道」になる。慎重派が多いエゾユキウサギたちは、自分が歩いた所や仲間の通った所が安全だと思うようだ。

街道をたどると、餌場になっている所に到着する。道の駅「エゾユキウサギ」だ。一番人気になっている餌場のメニューは、ヤナギの小枝と冬芽、樹皮。大きな風倒木であれば、一冬を通して通って来る「常連客」が何匹もいる。雪が積もるにつれ、高い場所の枝も食べられるようになり、餌はなくならない。

雪解け後に見てみると、かれらが食べ続けた枝の痕は、エゾシカの食痕かと思うほど高いところにある。が、足元を見ると、エゾユキウサギの糞と枝の食

ヤナギの枝や樹皮を目当てに集まる「道の駅」

痕が大量に落ちている。

ヤナギの次に好んで食べる樹種は、すみかにしている場所に多い広葉樹だ。原野ではヤチハンノキ、砂丘林ではミズナラ、山間ではシラカバやハルニレなどが多い。

エゾユキウサギは、一カ所で満腹になるまで餌を食べることはない。多分、長い時間同じ所にいると、外敵に見つかる可能性が高いからだろう。しばらくすると、次の餌場へと移動する。「道の駅」になっている餌場はたくさんあるが、途中で雪上に出ているササの葉や、枯れたヨモギなどがあると、街道

時折吹雪くなか餌場にやって来たオスとメス(右)。メスの方が大きい

から外れて食べる。やはり違った物も食べたいようだ。

街道は餌場に通う道だが、危険を感じて逃げる時には別の道を使うことが多い。一部街道と重なる所もあるが、この逃げ道を「裏街道」と呼んでいる。逃げた跡をたどってみると、寝場所・隠れ場所への近道になっていることが分かる。

裏街道を逃げたエゾユキウサギを追跡すると、グルリと回って元の場所へ戻る習性があることも分かる。警戒心の薄い個体ほど戻るまでの距離は短く、強い者ほど距離は長い。また、警戒心が薄い者ほど同じ道を通る回数が多く、強い者ほど回数は少ない。1、2回で圏外へ逃げ去る者も多い。

雪の降る夜もササの葉を食べにやって来る

日が沈み、月明かりが足跡を照らすころ、目を覚ましたエゾユキウサギが活動を始めた

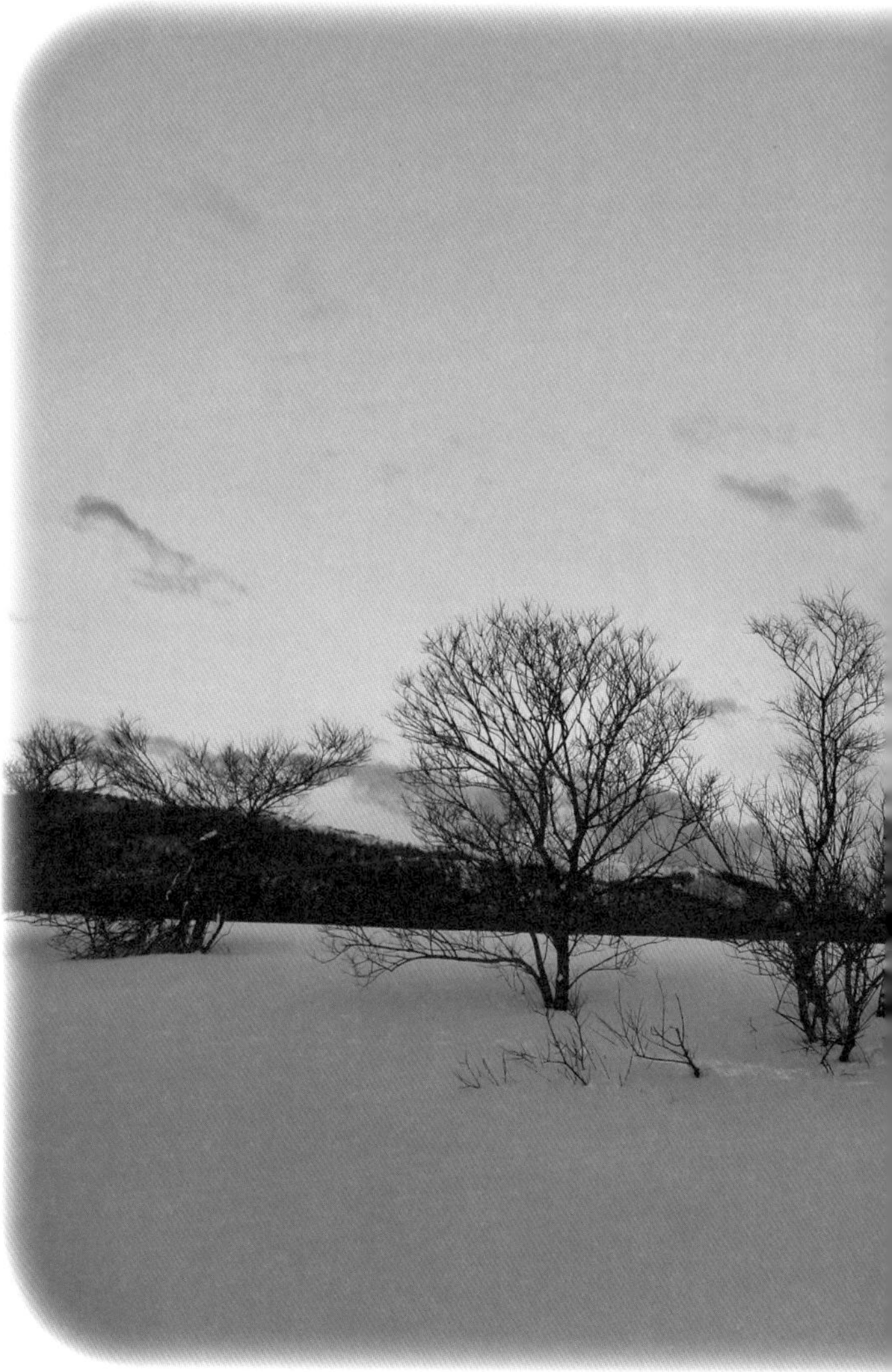

エゾユキウサギを探せ①②答え合わせ

P22-23

P24

P25

エゾユキウサギを探せ③④答え合わせ

P60-61

P62

P63

おわりに

今度の冬は…

２０１３年の10月下旬、前年の冬から顔なじみになり、観察と撮影を続けていたエゾユキウサギの姿が急に見えなくなった。隣接した場所にいたオス１匹とメス２匹だ。白変が進み、目立つようになってきていたため、草丈の高い枯れ草の中などに身を潜めている可能性もあるが、３匹ともというのは腑《ふ》に落ちなかった。それと、春から夏に生まれ育った若者の姿も見つからない。嫌な予感を打ち消しながら、雪が降って足跡が残る季節を待った。

11月中旬、まとまった量の雪が降った。早速エゾユキウサギの通り道や、餌場になっている場所を探した。が、あるべきはずの足跡がない。メスは、牧草が主食になる春先から初冬までの間、大きな移動はしない。なのに、いるべき場所やその周辺を探しても全く足跡がないのだ。キツネにつままれたような思いで、雪上に残されている足跡を更に探したが、結果は同じだった。

何か伝染性の強い病気に感染して死んだ可能性が高いように思えた。考えてみれば、10月中旬以降たくさんのコハクチョウとオオハクチョウがサロベツ原野に渡って来ていた。例年より数が多く、一部の個体はまだ渡らずに滞在していた。ハクチョウたちは、エゾユキウサギが餌場にしている牧草地でも牧草をよく食べ、たくさん排糞もしていた。もしハクチョウたちが感染力が強い伝染性のウイルスを持っていた場合、エゾユキウサギたちに免疫がなければ感染して死んだ可能性がある。ハクチョウに濡れ衣を着せることになるかもしれないが、致死率の高い伝染性の病気がこの時期、この地に蔓延《まんえん》したとしか思えない出来事だった。寄生虫も考えられるが、短期間のことなので、やはり伝染病だったのではないだろうか？

雪が降り積もり、スキーで長距離を歩けるようになるのを待ち、昔から見続けてきたエゾユキウサギの生息地巡りをした。生息数の状態を調べるためだ。すると、とても興味深い結果が得られた。場所により、全くいなくなった所と、前年の冬よりも少し減っただけの所がはっきり分かれていたのだ。これも私の仮説だが、死亡率の高い伝染病が蔓延していたとしても、母親に免疫があれば、その親と子の多くは死なずにすんだのではないだろうか？

近年、私のフィールドでも、エゾユキウサギの生息数は年々減少傾向にある。だが、この出来事があった前年の冬までは、急激な減少ではなかった。

あれから2度の冬が過ぎた。生息数はやはり減少傾向のままで、場所による偏りもあまり変わらない。２０１６年11月、雪が積もるのを待ち、生息状況を調べに出かけた。寒気と暖気の繰り返しが続き、せっかく積もった雪上の足跡はすぐに解けて消えてしまう。

雪が降る度に探し歩いた結果、前年の冬より生息数はやや減少しているようだった。だが、この時期はエゾユキウサギの行動範囲が狭く、私も歩ける範囲が限られる。スキーで広範囲を歩けるようになれば、結果は違うはずだ。

ちょうどこの頃、私は「ＮＨＫ ＢＳプレミアム」で12月に放映された「今年も年末はもふもふスペシャル」の取材で一匹の「惚けウサギ」に出合った。「モフエ」と命名されたこの個体は、今ごろどうしているだろうか。

不安と期待が入り混じった思いで雪の季節を待つこの頃だ。

エゾユキウサギは、昔からなじみの深い身近な野生動物として親しまれてきました。でも、近年は全道的に生息数が減少し続けているのが現状です。エゾユキウサギは私の一番好きな動物なので、長い年月をかけて撮影を続けてきました。知名度が高い半面、知られていないことが多い生きものであり、その全てを紹介する本を作りたい。それが最近の目標で、今回ようやくその念願がかないました。企画から編集まで大変お世話になりました北海道新聞社出版センターの仮屋志郎さんと、今回もレイアウトを引き受けてくださった（有）時空工房の蒲原裕美子さんに厚くお礼申し上げます。それと、私のわがままに長年つきあってくれている妻の八千代、ご協力いただきました皆さん、モデルになってくれた多くのエゾユキウサギたちに心から感謝いたします。

２０１７年１月

著者

取材協力（敬称略）／石川敏、石川真理子、エゾユキウサギ研究会、面敏夫、冨士元盛二、平川浩文（森林総合研究所北海道支所）、幌延町、幌延町教育委員会

著者略歴

富士元寿彦（ふじもと・としひこ）

1953年北海道幌延町生まれ。物心つくころから大の動物好きで、ハンターの父とともに野山を走る。71年ごろから動物を中心にした写真撮影を始め、自然科学誌「自然」（中央公論社）、動物専門誌「アニマ」（平凡社）などで写真を発表。厚生省児童文化福祉奨励賞、平凡社準アニマ賞受賞。

主な著書に『野うさぎの四季』（平凡社）、『子うさぎチャメの1年』（大日本図書）、『エゾフクロウ』『エゾモモンガ』『エゾシマリス』『原野の鷲鷹』『北海道の動物たちはこうして生きている』（以上北海道新聞社）、『ユキウサギのチッチ』（亜璃西社）などがある。NHKなどのテレビドキュメンタリーの出演・取材協力も多い。

主要参考文献

『日本動物大百科　第1巻哺乳類Ⅰ』（平凡社）、『フィールドベスト図鑑12　日本の哺乳類』（学習研究社）、『日本の哺乳類』（東海大学出版会）

編集

仮屋志郎（北海道新聞社）

デザイン・DTP

蒲原裕美子（時空工房）

エゾユキウサギ、跳《は》ねる

2017年3月8日　初版第1刷発行

著　者　富士元寿彦《ふじもととしひこ》

発行者　鶴井　亨

発行所　北海道新聞社

〒060―8711　札幌市中央区大通西3丁目6

出版センター（編集）電話011―210―5742

（営業）電話011―210―5744

http://www.aurora-net.or.jp/doshin/book/

印刷所　中西印刷

ISBN978-4-89453-856-6